国家出版基金项目
NATIONAL PUBLICATION FOUNDATION

"十三五"国家重点图书出版规划项目
国家出版基金项目

哈佛大学植物标本馆馆藏中国维管束植物模式标本集

第2卷

双子叶植物纲（1）

Chinese Type Specimens of Vascular Plants Deposited in Harvard University Herbaria

Volume 2

DICOTYLEDONEAE (1)

国家植物标本资源库　中国科学院植物研究所系统与进化植物学国家重点实验室　编
林　祁　包伯坚　刘慧圆　编著

National Plant Specimen Resource Center & State Key Laboratory of Systematic and Evolutionary Botany, Institute of Botany, the Chinese Academy of Sciences Edit
editors LIN Qi, BAO Bojian & LIU Huiyuan

河南科学技术出版社
· 郑州 ·

图书在版编目（CIP）数据

哈佛大学植物标本馆馆藏中国维管束植物模式标本集 . 第 2 卷 . 双子叶植物纲 . 1 / 国家植物标本资源库，中国科学院植物研究所系统与进化植物学国家重点实验室编；林祁，包伯坚，刘慧圆编著 . —郑州：河南科学技术出版社，2021.7

ISBN 978-7-5725-0234-7

Ⅰ . ①哈… Ⅱ . ①国… ②中… ③林… ④包… ⑤刘… Ⅲ . ①双子叶植物纲 – 标本 – 中国 – 图集 Ⅳ . ① Q949.408-34

中国版本图书馆 CIP 数据核字 (2020) 第 262010 号

出版发行：河南科学技术出版社
地址：郑州市郑东新区祥盛街 27 号　邮编：450016
电话：(0371) 65737028　65788613
网址：www.hnstp.cn

总 策 划：周本庆
策划编辑：杨秀芳　陈淑芹
责任编辑：杨秀芳
责任校对：刘逸群
整体设计：张　伟　张德琛
责任印制：张　巍
印　　刷：北京盛通印刷股份有限公司
经　　销：全国新华书店
开　　本：720mm×1 000mm　1/8　印张：63　字数：635 千字
版　　次：2021 年 7 月第 1 版　2021 年 7 月第 1 次印刷
定　　价：1600.00 元

前　言

哈佛大学植物标本馆成立于1864年，是世界十大植物标本馆之一，目前由6个标本室（A、AMES、ECON、FH、GH、NEBC）组成，馆藏植物标本500余万份，其中有模式标本10万余份，特别是有中国维管束植物模式标本1万余份（含主模式、等模式、后选模式、等后选模式、新模式、等新模式、附加模式、等附加模式、合模式、等合模式、副模式、等副模式）。

书中所收录的模式标本是在同一学名下（种、亚种、变种、变型）遴选出1份或2份（雌株和雄株标本或花期和果期标本）最重要的馆藏模式标本，经整理并扫描后编撰而成《哈佛大学植物标本馆馆藏中国维管束植物模式标本集》（共11卷）。

全套书共收有模式标本5 459份，含1 405份主模式、2 842份等模式、12份后选模式、48份等后选模式、2份新模式、1份等新模式、1份附加模式、270份合模式、829份等合模式、22份副模式、27份等副模式，隶属于177科、1 013属、4 410种、20亚种、860变种和85变型。全书各科依据《中国植物志》系统排列，属、种、亚种、变种、变型的名称按字母顺序排列。每张扫描模式标本相片的图注解释均标注中名、学名、原始文献、模式类型（主模式、等模式、后选模式、等后选模式、新模式、等新模式、附加模式、等附加模式、合模式、等合模式、副模式、等副模式）、采集地点（国名、省名、县名、山名）、海拔、采集时间（年－月－日）、采集人和采集号。本书中的采集人根据《中国植物标本馆索引》(傅立国，1993) 书写，采集地根据《中国地名录——中华人民共和国地图集地名索引》（国家测绘局地名研究所，1995）书写。

本套书是一部研究与鉴定中国植物的重要著作，可供国内外植物分类学者及有关植物学科研、教学和生产部门人员参考。

第2卷包括被子植物门双子叶植物纲的胡椒科至连香树科的模式标本，共464份，含110份主模式、232份等模式、2份后选模式、18份合模式、97份等合模式、3份副模式、2份等副模式，隶属于22科、64属、402种、1亚种、49变种和4变型。

感谢国家标本资源共享平台负责人马克平研究员、植物标本子平台负责人覃海宁研究员，以及哈佛大学植物标本馆馆长 Charles Davis 教授和 David E. Boufford 教授在本书编撰过程中给予的支持和帮助。

林祁

2020年1月

Introduction

Harvard University Herbaria were founded in 1864 and it is one of the top ten largest herbaria in the world. The Harvard University Herbaria include six integrated herbaria and they are Herbarium of the Arnold Arboretum (A), Oakes Ames Orchid Herbarium (AMES), Economic Herbarium of Oakes Ames (ECON), Farlow Herbarium (FH), Gray Herbarium (GH) and New England Botanical Club Herbarium (NEBC). The current collections contain more than five million specimens and over 100 thousand type specimens of vascular plants and mosses. Especially included are more than 10,000 type specimens (holotype, isotype, lectotype, isolectotype, neotype, isoneotype, epitype, isoepitype, syntype, isosyntype, paratype, isoparatype) of Chinese plants.

Type specimens in this book were produced by selecting the most important type specimen/s deposited at Harvard University Herbaria under the same scientific name (species, subspecies, variety and form), and then they were also reviewed and scanned. After compilation, ***Chinese Type Specimens of Vascular Plants Deposited in Harvard University Herbaria*** which consists of 11 volumes is completed.

Chinese Type Specimens of Vascular Plants Deposited in Harvard University Herbaria includes 5 459 type specimens, comprising 1 405 holotypes, 2 842 isotypes, 12 lectotypes, 48 isolectotypes, 2 neotypes, 1 isoneotype, 1 epitype, 270 syntypes, 829 isosyntypes, 22 paratypes, 27 isoparatypes, and belonging to 177 families, 1 013 genera, 4 410 species, 20 subspecies, 860 varieties and 85 forms. The taxa are arranged by family according to the system of ***Flora Reipublicae Popularis Sinicae***. Infra-family taxa are alphabetized by genera, species, subspecies, varieties and forms. The explanation of each taxon is listed in the figure caption with Chinese name, scientific name, original publication, nature of specimen (holotype/ isotype/ lectotype/ isolectotype/ neotype/ isoneotype/ epitype/ isoepitype/ syntype/ isosyntype/ paratype/ isoparatype), type locality (country/ province/ county/ mountain if present), altitude, collection date, collector and collection number. The collector and type locality in this book follow ***Index Herbariorum Sinicorum*** (L. K. Fu, 1993) and ***Gazetteer of China—An Index to the Atlas of the People's Republic of China*** (Chinese Academy of Surveying & Mapping, 1995) respectively.

This book is a very important works for researching and identifying Chinese plants. It could also be used as a reference by plant taxonomists and people from botanic research institutions, educational institutions and production departments at home and abroad.

Volume 2 of ***Chinese Type Specimens of Vascular Plants Deposited in Harvard University Herbaria*** includes 464 type specimens from Piperaceae to Cercidiphyllaceae, comprising 110 holotypes, 232 isotypes, 2 lectotypes,18 syntypes, 97 isosyntypes, 3 paratypes, 2 isoparatypes, and belonging to 22 families, 64 genera, 402 species, 1 subspecies, 49 varieties and 4 forms.

Greatest thanks to the director MA Keping of National Specimen Information Infrastructure (NSII) and Prof. QIN Haining, and the curator Charles Davis of Harvard University Herbaria and Prof. David E. Boufford, for their support and help throughout the publication of the book.

Lin Qi

January 2020

目录／Contents

被子植物门
Angiospermae

双子叶植物纲（1）
Dicotyledoneae

胡椒科
Piperaceae

细长花序胡椒 ***Chavica leptostachya*** Hance in J. Bot. 6(70): 301. 1869. **Isotype:** China. Guangdong: Guangzhou, 1867-06-??, G. T. Sampson s. n. (=Herb. H. F. Hance 13030) (GH).

裸果胡椒 ***Piper betle*** L. var. ***psilocarpa*** C. DC. in Notizbl. Bot. Gart. Mus. Berlin 6(62): 478. 1917. **Isotype:** China. Yunnan: Simao, A. Henry 11767A (A).

细苞胡椒 ***Piper curtipedunculum*** C. DC. in Notizbl. Bot. Gart. Mus. Berlin 6(62): 481. 1917. **Isotype:** China. Yunnan: Mengzi, alt. 1 830 m, A. Henry 10438 (A).

黄花胡椒 ***Piper flaviflorum*** C. DC. in Notizbl. Bot. Gart. Mus. Berlin 6(62): 477. 1917. **Isosyntype:** China. Yunnan: Simao, alt. 1 220 m, A. Henry 12931 (A).

黄花胡椒 ***Piper flaviflorum*** C. DC. in Notizbl. Bot. Gart. Mus. Berlin 6(62): 477. 1917. **Isosyntype:** China. Yunnan: Simao, alt. 1 525 m, A. Henry 11767 (A).

光茎胡椒 ***Piper glabricaule*** C. DC. in Notizbl. Bot. Gart. Mus. Berlin 6(62): 477. 1917. **Isotype:** China. Yunnan: Mengzi, alt. 1 525 m, A. Henry 9482A (A).

亨利胡椒 ***Piper henryci*** C. DC. in Ann. Cons. Jard. Bot. Genève 2: 271. 1898. **Isotype:** China. Hubei: Yichang, 1887-10-??, A. Henry 3311 A (GH).

陵水胡椒 ***Piper lingshuiense*** Y. C. Tseng in Acta Phytotax. Sin.17(1): 28, pl. 5. 1979. **Isotype:** China. Hainan: Lingshui, 1934-01-10, C. Wang 36279 (A).

粗梗胡椒 ***Piper macropodum*** C. DC. in Bull. Herb. Boiss. ser. 2, 4(10): 1026. 1904. **Isotype:** China. Yunnan: Simao, alt. 1 373 m, A. Henry 12210 D (A).

屏边胡椒 ***Piper pingbienense*** Y. C. Tseng in Acta Phytotax. Sin.17(1): 26, pl. 3. 1979. **Isotype:** China. Yunnan: Pingbian, alt. 1 100 m, 1934-08-22, H. T. Tsai 61572 (A).

线梗胡椒 ***Piper pleiocarpum*** S. Y. Chang ex Y. C. Tseng in Acta Phytotax. Sin.17(1): 40, pl. 16. 1979. **Isotype:** China. Yunnan: Lancang, alt. 2 100 m, 1936-05-??, C. W. Wang 76860 (A).

樟叶胡椒 ***Piper polysyphonum*** C. DC. in Bull. Herb. Boiss. ser. 2, 4(10): 1026. 1904. **Isotype:** China. Yunnan: Simao, alt. 1 373 m, A. Henry 11635 E (A).

毛叶胡椒 ***Piper puberulilimbum*** C. DC. in Notizbl. Bot. Gart. Mus. Berlin 6(62): 479. 1917. **Isotype:** China. Yunnan: Mengzi, alt. 1 525 m, A. Henry 13680 (A).

缘毛胡椒 ***Piper semiimersum*** C. DC. in Notizbl. Bot. Gart. Mus. Berlin 6(62): 479. 1917. **Isotype:** China. Yunnan: Mengzi, alt. 1830 m, A. Henry 11037 (A).

短柄胡椒 ***Piper stipitiforme*** S. Y. Chang ex Y. C. Tseng in Acta Phytotax. Sin.17(1): 28, pl. 4. 1979. **Isotype:** China. Yunnan: Fo-Hai (= Menghai), alt. 1 340 m, 1936-07-??, C. W. Wang 74894 (A).

狭叶多脉胡椒 ***Piper submultinerve*** C. DC. var. ***nandanicum*** Y. C. Tseng in Acta Phytotax. Sin.17(1): 31. 1979. **Isotype:** China. Guangxi: Nandan, 1937-07-11, C. Wang 41130 (A).

顶花胡椒 ***Piper terminaliflorum*** Y. C. Tseng in Acta Phytotax. Sin.17(1): 30, pl. 7. 1979. **Isotype:** China. Yunnan: Shunning (= Fengqing), alt. 2 180 m, 1938-06-24, T. T. Yu 16454 (A).

金粟兰科

Chloranthaceae

海南草珊瑚 ***Chloranthus hainanensis*** C. Pei in Sinensia 6: 674, fl. 4. 1935. **Isosyntype:** China. Hainan: Danzhou, Lianhua Shan, 1928-05-08, W. T. Tsang 317 (A).

宽叶金粟兰 ***Chloranthus henryi*** Hemsl. in J. Linn. Soc., Bot. 26(176): 367. 1891. **Isosyntype:** China. Hubei: Yichang, A. Henry 3447 (GH).

江西金粟兰 *Chloranthus kiangsiensis* Metc. in Lingnan Sci. J. 20(2–4): 215, f. 1. 1942. **Isotype:** China. Jiangxi: Kiennan District (= Quannan), 1934-08-(01~29), S. K. Lau 4193 (A).

台湾金粟兰 ***Chloranthus oldhamii*** Solms in Prodr. Syst. Nat. Regni Veget. 16: 476. 1869. **Isotype:** China. Taiwan: Taipei, Tamsuy, 1864-??-??, R. Oldham 466 (GH).

雪香兰 ***Hedyosmum orientale*** Merr. & Chun in Sunyatsenia. 5(1–3): 36, pl. 5. 1940. **Holotype:** China. Hainan: Po-ting (= Baoting), alt . 671 m, 1935-06-17, F. C. How 72926 (A).

杨柳科

Salicaceae

青杨 ***Populus cathayana*** Rehd. in J. Arnold Arbor. 12(1): 59. 1931. **Holotype:** China. Sichuan: Ching Chi (=Hanyuan), alt. 2 135~2 745 m, 1908-05-??, E. H. Wilson 1432 (A).

云南青杨 ***Populus cathayana*** Rehd. var. ***schneideri*** Rehd. in J. Arnold Arbor. 12(1): 63. 1931. **Holotype:** China. Yunnan: Yungning (=Yongning), 1914-06-20, C. Schneider 1611 (A).

山杨 ***Populus davidiana*** Dode in Bull. Soc. Hist. Nat. Autun. 18: 189, pl. 11, f. 31. 1905. **Lectotype** (designated by C. K. Schneider in Sargent, Pl. Wils. 3: 24. 1916.): China. Hebei: Chengde, A. David 1687 (GH).

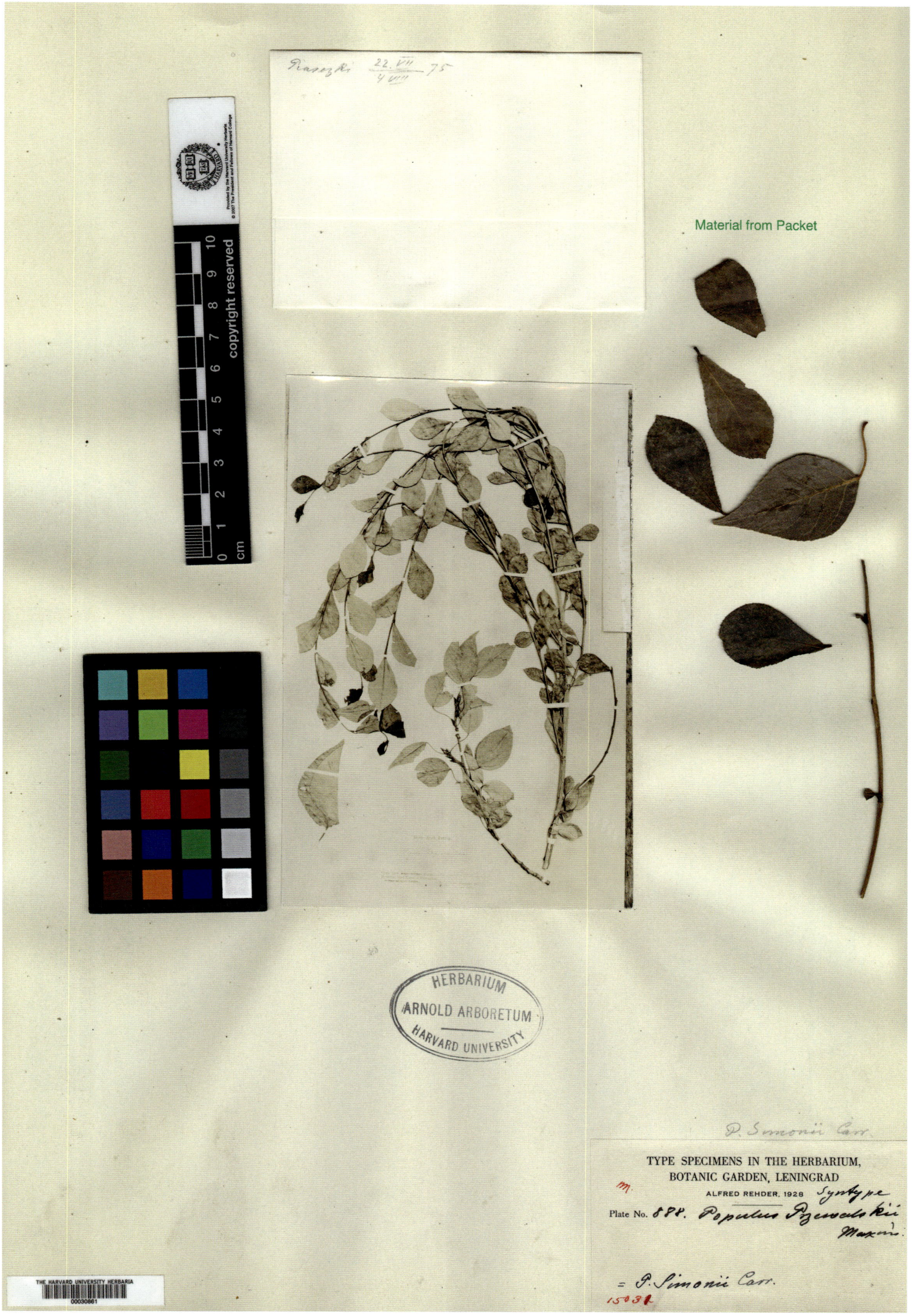

青甘杨 ***Populus przewalskii*** Maxim. in Bull. Acad. Imp. Sci. St.-Petersb., ser. 3 27(4): 540. 1882. **Syntype:** China. Gansu: Precise locality not known, 1875-??-??, P. J. Piasezki s. n. (A).

冬瓜杨 ***Populus purdomii*** Rehd. in J. Arnold Arbor. 3(4): 225. 1922. **Holotype:** China. Shaanxi: Taibai, Taibai Shan, 1910-??-??, W. Purdom 1111 (A).

川杨 ***Populus szechuanica*** Schneid. in Sargent, Pl. Wils. 3(1): 20. 1916. **Holotype:** China. Sichuan: Kuan Hsien (=Dujiangyan), alt. 2 135~3 355 m, 1908-07-06, E. H. Wilson 2163 (A).

光皮冬瓜杨 ***Populus szechuanica*** Schneid. var. ***rockii*** Rehd. & Kobuski in J. Arnold Arbor. 13(4): 386. 1932. **Holotype:** China. Gansu: Tebbu (=Têwo), 1926-09-12, J. F. Rock 14846 (A).

茸毛山杨 ***Populus tremula*** L. f. ***tomentella*** Schneid. in Sargent, Pl. Wils. 3(1): 25. 1916. **Holotype:** China. Sichuan: Mupin (=Baoxing), alt. 2 135~2 745 m, 1910-10-??, E. H. Wilson 4359 (A).

椅杨 ***Populus wilsonii*** Schneid. in Sargent, Pl. Wils. 3(1): 16. 1916. **Holotype:** China. Hubei: Xingshan, alt. 1 678 m, 1907-08-??, E. H. Wilson 706 a (A).

秦岭柳 ***Salix alfredii*** Goerz in J. Arnold Arbor. 13(4): 403. 1932. **Syntype:** China. Gansu: Tebbu (=Têwo), alt. 3 355 m, 1925-06-??, J. F. Rock 12522 (A).

杂色柳 ***Salix allochroa*** Schneid. in Sargent, Pl. Wils. 3(1): 72. 1916. **Holotype:** China. Sichuan: Mupin (=Baoxing), alt. 2 135~2 440 m, 1908-06-??, E. H. Wilson 1410 (A).

九鼎柳 ***Salix amphibola*** Schneid. in Sargent, Pl. Wils. 3(1): 60. 1916. **Holotype:** China. Sichuan: Peng Xian, Jiuding Shan, alt. 2 135 m, 1908-05-23, E. H. Wilson 2124 (A).

黔柳 ***Salix andropogon*** Lévl. & Vant. in Fedde, Repert. Sp. Nov. 3(27–28): 21. 1906. **Isotype:** China. Guizhou: Precise locality not known, 1904-12-15, J. H. Esquirol 327 (A).

贵定柳 ***Salix angiolepis*** Lévl. & Vant. in Fedde, Repert. Sp. Nov. 3(27–28): 22. 1906. **Isotype:** China. Guizhou: Guiding, Pin-fa, 1903-??-??, J. Cavalerie 2069 (A).

倒卵叶大叶柳 ***Salix apatela*** Schneid. in Sargent, Pl. Wils. 3(1): 46. 1916. **Holotype:** China. Sichuan: Lungan Fu (= Pingwu), alt. 2 440~2 745 m,1910-08-??, E. H. Wilson 4575 (A).

纤序柳 ***Salix araeostachya*** Schneid. in Sargent, Pl. Wils. 3(1): 96. 1916. **Paratype:** China. Yunnan: Mengzi, alt. 1 403 m, A. Henry 9338 D (A).

苏柳 ***Salix argyi*** Lévl. in Fedde, Repert. Sp. Nov. 10(260–262): 437. 1912. **Isotype:** China. Jiangsu: Precise locality not known, Argy s. n. (A).

银光柳 ***Salix argyrophegga*** Schneid. in Sargent, Pl. Wils. 3(1): 49. 1916. **Holotype:** China. Sichuan: Kuan Hsien (=Dujiangyan), alt. 2 440~2 745 m, 1908-06-??, E. H. Wilson 2154 (A).

奇花柳 ***Salix atopantha*** Schneid. in Sargent, Pl. Wils. 3(1): 43. 1916. **Holotype:** China. Sichuan: Kuan Hsien (=Dujiangyan), alt. 3 050 m, 1908-06-20, E. H. Wilson 2134 (A).

百里柳 ***Salix baileyi*** Schneid. in Gent. Herb. 1(1): 16, f. 3a–b. 1920. **Isoparatype:** China. Henan: Xinyang, Jigong Shan, alt. 458~763 m, 1917-06-30, L. H. Bailey s. n. (A).

白背柳 ***Salix balfouriana*** Schneid. in Bot. Gazette 64(2): 137, pl. 15, f. B. 1936. **Holotype:** China. Yunnan: Lijiang, alt. 3 500 m, 1914-07-30, C. K. Schneider 2059 (A).

庙王柳 ***Salix biondiana*** Seem. in Bot. Jahrb. Syst. 36(5, Beibl. 82): 32. 1905. **Isosyntype:** China. Hubei: Yichang, 1901-06-??, E. H. Wilson 2045 (A).

双柱柳 ***Salix bistyla*** Hand.-Mazz. Symb. Sin. 7(1): 76, pl. 1, f. 7, 8. 1929. **Isotype:** China. Yunnan: Gongshan, Gaoligong Shan, alt. 2 650 m, 1916-06-28, H. R. E. Handel-Mazzetti 9138 (A).

秋华柳 ***Salix bockii*** Seem. in Bot. Jahrb. Syst. 29(2): 278, pl. 3, f. G–M. 1900. **Isotype:** China. Chongqing: Nanchuan, Ch. Bock & A. v. Rosthorn 1509 (A).

漾濞柳***Salix bouffordii*** A. K. Skvortsov in Harvard Papers Bot. 4(1): 324. 1999. **Holotype:** China. Yunnan: Yangbi, Diancang Shan, alt. 3 400 m, 1984-06-30, Sino-Amer. Bot. Exped. (1984) 642 (A).

小垫柳 ***Salix brachista*** Schneid. in Sargent, Pl. Wils. 3(1): 145. 1916. **Holotype:** China. Sichuan: Ching Chi (=Hanyuan), alt. 2 800 m, 1904-05-??, E. H. Wilson 4511 (A).

美脉柳 ***Salix caloneura*** Schneid. in Bot. Gazette 64(2): 141, t. 15, f. G. 1917. **Holotype:** China. Sichuan: Huili, alt. 2 800 m, 1914-05-21, C. K. Schneider 1425 (A).

云南柳 ***Salix cavaleriei*** Lévl. in Bull. Soc. Bot. France 56: 298. 1909. **Isosyntype:** China. Yunnan: Pagode de He-long tan, 1906-04-11, F. Ducloux 658 (A).

单腺异型柳 ***Salix cereifolia*** Goerz in J. Arnold Arbor. 13(4): 393. 1932. **Syntype:** China. Gansu: Tao River basin, Mountains of Choni, alt. 2 745 m, 1925-05-??, J. F. Rock 12123 (A).

漳州柳***Salix changchowensis*** Metc. in Lingnan Sci. J. 15(1): 11, pl. 4. 1936. **Syntype:** China. Fujian: Changchow (= Zhangzhou), 1923-03-27, H. H. Chung 1181 (A).

密齿柳 ***Salix characta*** Schneid. in Sargent, Pl. Wils. 3(1): 125. 1916. **Holotype:** China. Jilin: Hsiao wutai-shan, alt. 1 700~3 000 m, 1913-08-08, F. N. Meyer 1160 (A).

沙柳 ***Salix cheilophila*** Schneid. in Sargent, Pl. Wils. 3(1): 69. 1916. **Holotype:** China. Sichuan: Near Mong-kong Ting, alt. 2 440~2 745 m, 1908-06-29, E. H. Wilson 2146 (A).

鸡公柳 ***Salix chikungensis*** Schneid. in Gent. Herb. 1(1): 17. 1920. **Isotype:** China. Henan: Xinyang, Jigong Shan, alt. 1 500~2 500 m, 1917-06-14, L. H. Bailey s. n. (A).

秦柳 ***Salix chingiana*** K. S. Hao ex C. F. Fang & A. K. Skvortsov in Novon 8(4): 468. 1998. **Holotype:** China. Gansu: Lan Ze Cheon K'ou, near Sining, alt. 2 650~3 100 m, 1923-07-23, R. C. Ching 584 (A).

怒江矮柳 ***Salix coggygria*** Hand.-Mazz. Symb. Sin. 7(1): 79, pl. 1, f. 5–6. 1929. **Isosyntype:** China. Yunnan: Gongshan, alt. 3 500~3 950 m, 1916-07-04, H. R. E. Handel-Mazzetti 9295 (A).

杯腺柳 ***Salix cupularis*** Rehd. in J. Arnold Arbor. 4(3): 140. 1923. **Holotype:** China. Shaanxi: Taibai, Taibai Shan, alt. 3 048 m, 1910-??-??, W. Purdom 547 (A).

绵毛雌蕊柳 ***Salix cupularis*** Rehd. var. ***lasiogyne*** Rehd. in J. Arnold Arbor. 4(3): 141. 1923. **Holotype:** China. Shaanxi: Taibai, Taibai Shan, alt. 3 050 m, 1910-??-??, W. Purdom 547 (A).

腹毛柳 ***Salix delavayana*** Hand.-Mazz. Symb. Sin. 7(1): 78. 1929. **Isosyntype:** China. Yunnan: Lijiang, alt. 3 250 m, 1916-05-19, H. R. E. Handel-Mazzetti 8738 (A).

异型柳 ***Salix dissa*** Schneid. in Sargent, Pl. Wils. 3(1): 52. 1916. **Holotype:** China. Sichuan: Kuan Hsien (=Dujiangyan), alt. 3 300 m, 1908-06-20, E. H. Wilson 2136 (A).

灌柳 ***Salix dolia*** Schneid. in Sargent, Pl. Wils. 3(1): 65. 1916. **Holotype:** China. Sichuan: Kuan Hsien (=Dujiangyan), alt. 3 050 m, 1908-06-20, E. H. Wilson 2133 (A).

林柳 ***Salix driophila*** Schneid. in Sargent, Pl. Wils. 3(1): 59. 1916. **Holotype:** China. Sichuan: Baoxing, alt. 2 300~2 600 m, 1908-05-23, E. H. Wilson 2123 (A).

长梗柳 ***Salix dunnii*** Schneid. in Sargent, Pl. Wils. 3(1): 97. 1916. **Holotype:** China. Fujian: Yuen Fu, 1905-(04-06)-??, S. T. Dunn s. n. (= Herb. Hong Kong Herbarium 3509) (A).

汉源柳 ***Salix dyscrita*** Schneid. in Sargent, Pl. Wils. 3(1): 53. 1916. **Holotype:** China. Sichuan: Ching Chi (= Hanyuan), alt. 2 135~2 745 m, 1908-05-??, E. H. Wilson 1429 bis (A).

银背柳 ***Salix ernestii*** Schneid. in Sargent, Pl. Wils. 3(1): 47. 1916. **Holotype:** China. Sichuan: Kuan Hsien (= Dujiangyan), alt. 3 050 m, 1908-06-20, E. H. Wilson 2151 (A).

川鄂柳 ***Salix fargesii*** Burkill in J. Linn. Soc., Bot. 26(178): 528. 1899. **Isosyntype:** China. Chongqing: Wushan, A. Henry 5678 (GH).

丽江柳 ***Salix faxoniana*** Schneid. in Bot. Gazette 64(2): 143, pl. 15, f. H. 1917. **Holotype:** China. Yunnan: Lijiang, alt. 4 000 m, 1914-08-??, C. K. Schneider 2319 (A).

细序柳 ***Salix guebriantiana*** Schneid. in Bot. Gaz ette 64(2): 139, pl. 15, f. C. 1917. **Holotype:** China. Sichuan: Yanyuan, alt. 2 900 m, 1914-06-11, C. K. Schneider 1488 (A).

亨利柳 ***Salix henryi*** Burkill in J. Linn. Soc., Bot. 26(178): 530. 1899. **Isosyntype:** China. Chongqing: Wushan, (1885-1888)-??-??, A. Henry 5671 (GH).

异蕊柳 ***Salix heteromera*** Hand.-Mazz. Symb. Sin. 7(1): 61, pl. 1, f. 1, 2.1929. **Isosyntype:** China. Yunnan: Kunming, alt. 1 900 m, 1917-03-11, H. R. E. Handel-Mazzetti 13061 (A).

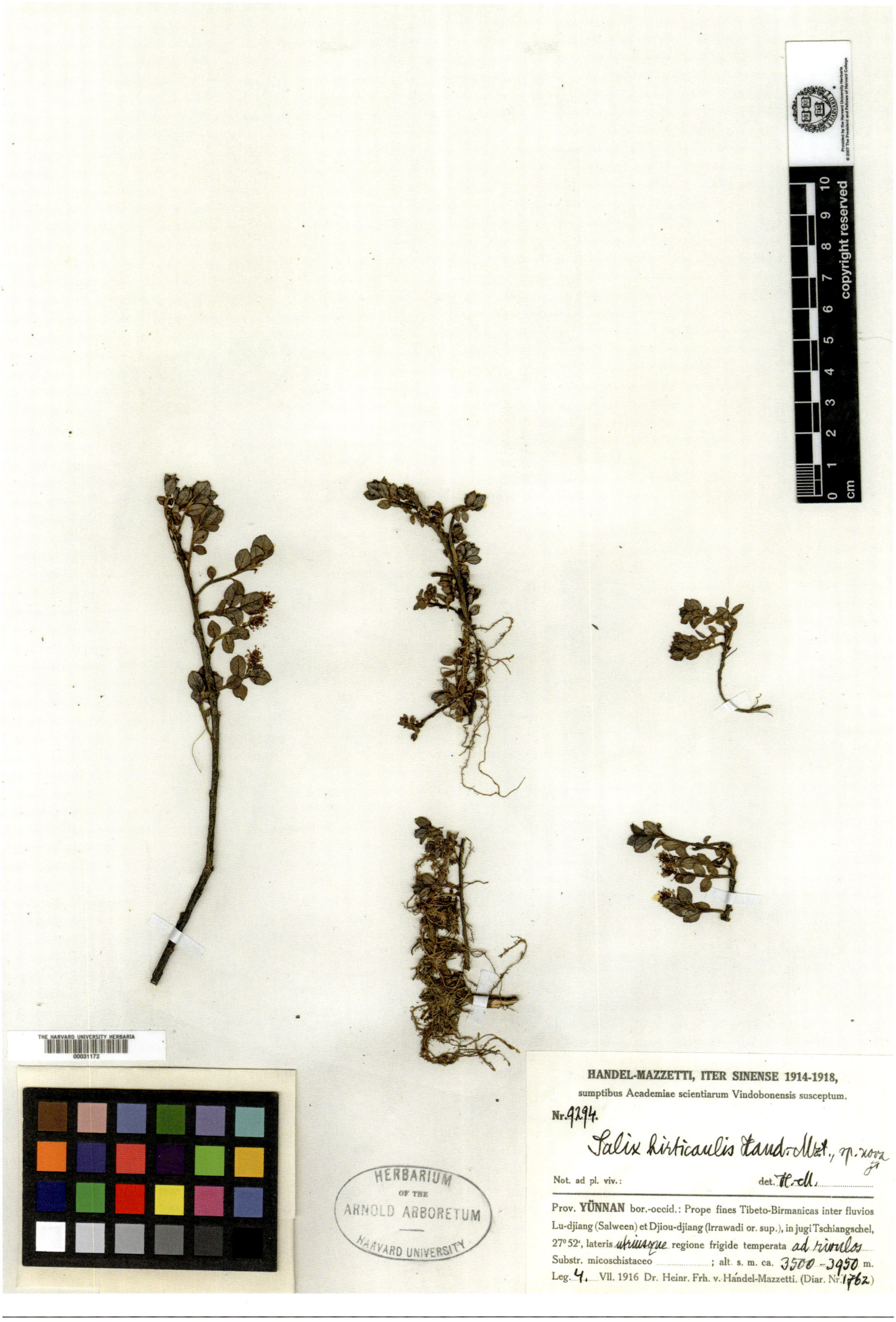

毛枝垫柳 ***Salix hirticaulis*** Hand.-Mazz. Symb. Sin. 7(1): 84, pl. 1, f. 6, 7, 12. 1929. **Isotype:** China. Yunnan: Gongshan, alt. 3 500~3 950 m, 1916-07-04, H. R. E. Handel-Mazzetti 9294 (A).

汪柳 ***Salix huiana*** Goerz in Bull. Fan Mem. Inst. Biol., Bot. 6(1): 13. 1935. **Isosyntype:** China. Sichuan:Wenchuan, alt. 2 780 m, 1930-05-28, F. T. Wang 20996 (A).

川柳 ***Salix hylonoma*** Schneid. in Sargent, Pl. Wils. 3(1): 68. 1916. **Holotype:** China. Sichuan: Ebian, Wa Shan, alt. 2 135~2 440 m, 1908-06-??, E. H. Wilson 2138 (A).

小叶柳 ***Salix hypoleuca*** Seem. in Bot. Jahrb. Syst. 36(5, Beibl. 82): 31. 1905. **Isotype:** China. Schen-si (= Shaanxi): Lao-y Shan, 1897-06-04, G. Giraldi 5362 (A).

甘肃小叶柳 ***Salix hypoleuca*** Seem. var. ***kansuensis*** Goerz in J. Arnold Arbor. 13(4): 392. 1932. **Syntype:** China. Gansu: Tebbu (=Têwo), southern slopes of Minshan, alt. 3 233 m, 1925-06-??, J. F. Rock 12500 (A).

瓦山柳 ***Salix isochroma*** Schneid. in Sargent, Pl. Wils. 3(1): 122. 1916. **Holotype:** China. Sichuan: Ebian, Wa Shan, alt. 3 300~3 800 m, 1903-07-??, E. H. Wilson 4524 (A).

贵南柳 ***Salix juparica*** Goerz in J. Arnold Arbor. 13(4): 391. 1932. **Syntype:** China. Xizang: Radja, alt. 3 203 m, 1926-06-02, J. F. Rock 14085 (A).

甘肃柳*Salix kansuensis* K. S. Hao ex C. F. Fang & A. K. Skvortsov in Novon 8(4): 468. 1998. **Isotype:** China. Gansu: Wu-tu (= Wudu), Lan Shan, alt. 2 500 m, 1930-06-19, K. S. Hao 462 (A).

灌西柳 ***Salix macroblasta*** Schneid. in Sargent, Pl. Wils. 3(1): 58. 1916. **Holotype:** China. Sichuan: Kuan Hsien (=Dujiangyan), alt. 3 300 m, 1910-10-??, E. H. Wilson 4354 (A).

大叶柳 ***Salix magnifica*** Hemsl. in Bull. Misc. Inform. Kew 1906(5): 163. 1906. **Isotype:** China. Sichuan: Mupin (=Baoxing), alt. 2 745 m, 1903-07-??, E. H. Wilson 4526 (A).

北方柳 ***Salix melea*** Schneid. in Sargent, Pl. Wils. 3(1): 176. 1916. **Holotype:** China. Northern China, Precise locality not known, W. Purdom s. n. (A).

汶川柳 ***Salix ochetophylla*** Goerz in Bull. Fan Mem. Inst. Biol., Bot. 6(1): 7. 1935.**Isotype:** China. Sichuan: Wenchuan, 1930-05-26, F. T. Wang 20935 (A).

峨眉柳 ***Salix omiensis*** Schneid. in Sargent, Pl. Wils. 3(1): 122. 1916. **Holotype:** China. Sichuan: Emeishan, Emei Shan, 1904-05-??, E. H. Wilson 5193 (A).

迟花柳 ***Salix opsimantha*** Schneid. in Sargent, Pl. Wils. 3(1): 63. 1916. **Holotype:** China. Sichuan: Tachien-lu (= Kangding), alt. 3 660 m, 1908-07-??, E. H. Wilson 2139 (A).

迟花矮柳 ***Salix oreinoma*** Schneid. in Sargent, Pl. Wils. 3(1): 138. 1916. **Isotype:** China. Sichuan: Tachien-lu (= Kangding), alt. 4 000 m, 1904-07-??, E. H. Wilson 4515 (A).

山生柳 ***Salix oritrepha*** Schneid. in Sargent, Pl. Wils. 3(1): 113. 1916. **Holotype:** China. Sichuan: Tachien-lu (= Kangding), alt. 3 355~3 660 m, 1903-07-18, E. H. Wilson 4525 (A).

小叶硬叶柳 ***Salix oritrepha*** Schneid. var. ***tibetica*** Goerz in J. Arnold Arbor. 13(4): 388. 1932. **Syntype:** China. Qinghai: Radja and Yellow River gorges, northern slopes of Yellow River, SW of Radja, alt. 3 660 m, 1926-05-25, J. F. Rock 13969 (A).

拟五蕊柳 *Salix paraplesia* Schneid. in Sargent, Pl. Wils. 3(1): 40. 1916. **Holotype:** China. Sichuan: Tachien-lu (= Kangding), alt. 2 745~3 050 m, 1904-06-??, E. H. Wilson 4518 (A).

黑枝柳 ***Salix pella*** Schneid. in Sargent, Pl. Wils. 3(1): 45. 1916. **Holotype:** China. Sichuan: Kuan Hsien (=Dujiangyan), alt. 2 440~2 745 m, 1910-10-??, E. H. Wilson 4350 (A).

纤柳 ***Salix phaidima*** Schneid. in Sargent, Pl. Wils. 3(1): 51. 1916. **Isotype:** China. Sichuan: Mupin (=Baoxing), alt. 1 700~2 300 m, 1908-06-??, E. H. Wilson 1409 a (A).

拟长叶柳 ***Salix phaneroides*** Goerz in Bull. Fan Mem. Inst. Biol., Bot. 6(1): 9. 1935. **Isotype:** China. Sichuan: Wenchuan, alt. 2 600 m, 1930-06-02, F. T. Wang 21126 (A).

曲毛柳 ***Salix plocotricha*** Schneid. in Sargent, Pl. Wils. 3(1): 49. 1916. **Holotype:** China. Sichuan: Kuan Hsien (=Dujiangyan), alt. 3 000 m, 1908-06-20, E. H. Wilson 2147 (A).

多枝柳 ***Salix polyclona*** Schneid. in Sargent, Pl. Wils. 3(1): 55. 1916. **Holotype:** China. Hubei: Fang Xian, alt. 2 300~2 600 m, 1909-05-16, E. H. Wilson 2116 (A).

大苞柳 ***Salix pseudospissa*** Goerz in J. Arnold Arbor. 13(4): 395. 1932. **Syntype:** China. Gansu: Lien hoa Shan, alpine regions, alt. 3 355 m, 1925-07-(14-20), J. F. Rock 12725 (A).

青皂柳 ***Salix pseudowallichiana*** Goerz in J. Arnold Arbor. 13(4): 397. 1932. **Syntype:** China. Xizang: Jupar Range, streambed of Jupar Valley, alt. 3 203 m, 1926-06-??, J. F. Rock 14287 (A).

西柳 ***Salix pseudowolohaensis*** K. S. Hao ex C. F. Fang & A. K. Skvortsov in Novon 8(4): 469. 1998. **Isotype:** China. Yunnan: Lijiang, 1922-(05-10)-??, J. F. Rock 3353 (A).

川滇柳 ***Salix rehderiana*** Schneid. in Sargent, Pl. Wils. 3(1): 66. 1916. **Paratype:** China. Sichuan: Mupin (=Baoxing), alt. 1 830 m, 1908-11-??, E. H. Wilson 1403 (A).

短绢毛川滇柳 ***Salix rehderiana*** Schneid. var. ***brevisericea*** Schneid. in Sargent, Pl. Wils. 3(1): 67. 1916. **Holotype:** China. Sichuan: Ching Chi (= Hanyuan), alt. 2 135~2 745 m, 1908-05-??, E. H. Wilson 1429 (A).

拉加柳 ***Salix rockii*** Goerz in J. Arnold Arbor. 13(4): 393. 1932. **Syntype:** China. Xizang: Radja and Yellow River gorges, southwest of Yellow River opposite Radja, alt. 3 508 m, 1926-05-24, J. F. Rock 13957 (A).

大理柳 ***Salix schneideriana*** K. S. Hao ex C. F. Fang & A. K. Skvortsov in Novon 8(4): 469. 1998. **Isotype:** China. Yunnan: Dali, alt. 2 300 m, 1914-10-??, C. K. Schneider 3273 (A).

山西柳 ***Salix shansiensis*** K. S. Hao ex C. F. Fang & A. K. Skvortsov in Novon 8(4): 469. 1998. **Isotype:** China. Shanxi: Chiao-cheng (=Jiaocheng), Yunting Shan, alt. 2 100 m, 1924-09-02, H. Smith 7739 (A).

巴郎柳 ***Salix sphaeronymphe*** Goerz in Bull. Fan Mem. Inst. Biol., Bot. 6(1): 4. 1935. **Isosyntype:** China. Sichuan: Dujiangyan, Pa-lang Shan, alt. 3 700 m, 1930-06-05, F. T. Wang 21238 (A).

灰叶柳 ***Salix spodiophylla*** Hand.-Mazz. Symb. Sin. 7(1): 77. 1929. **Isosyntype:** China. Sichuan: Muli, alt. 4 000~4 300 m, 1915-07-30, H. R. E. Handel-Mazzetti 7309 (A).

糙柳 ***Salix squarrosa*** Schneid. in Bot. Gazette 64(2): 142, pl. 15, f. E. 1917. **Holotype:** China. Sichuan: Yanyuan, alt. 3 800 m, 1914-05-16, C. K. Schneider 1246 (A).

密穗柳 ***Salix subpycnostachya*** Burkill in J. Linn. Soc., Bot. 26: 532. 1899. **Isosyntype:** China. Sichuan: Tachien-lu(=Kangding), alt. 2 745~4 118 m, A. E. Pratt 835 (GH).

周至柳 ***Salix tangii*** K. S. Hao ex C. F. Fang & A. K. Skvortsov in Novon 8(4): 469. 1998. **Holotype:** China. Shanxi: Pingyao, alt. 1 800 m, 1929-05-19, T. Tang 794 (A).

洮河柳 ***Salix taoensis*** Goerz in J. Arnold Arbor. 13(4): 401. 1932. **Lectotype** (designated by A. Skvorbov in Novit. Syst. Pl. Vascul. (LE) 3: 65. 1966.): China. Gansu: Southern Bank of Tao River, 1925-06-??, J. F. Rock 12265 (A).

藏柳 ***Salix tibetica*** Goerz in J. Arnold Arbor. 13(4): 391. 1932. **Syntype:** China. Xizang: Jupar valley along streambed, alt. 3 203 m, 1926-06-??, J. F. Rock 14284 (A).

卷毛大叶柳 ***Salix ulotricha*** Schneid. in Sargent, Pl. Wils. 3(1): 44. 1916. **Holotype:** China. Sichuan: Mupin (=Baoxing), alt. 2 135~3 050 m, 1908-06-??, E. H. Wilson 1401 d (A).

乌饭叶矮柳 ***Salix vaccinioides*** Hand.-Mazz. Symb. Sin. 7(1): 63, pl. 1, f. 18. 1929. **Isotype:** China. Yunnan: Gongshan, Gaoligong Shan, alt. 3 275 m, 1916-07-03, H. R. E. Handel-Mazzetti 9225 (A).

汶川柳树 ***Salix wenchuanica*** Goerz in Bull. Fan Mem. Inst. Biol., Bot. 6(1): 19. 1935. **Isotype:** China. Sichuan: Wenchuan, alt. 2 300 m, 1930-05-26, F. T. Wang 20959 (A).

川南柳 ***Salix wolohoensis*** Schneid. in Bot. Gazette 64(2): 140, pl. 15, f. D. 1917. **Holotype:** China. Sichuan: Yanyuan, alt. 2 000~2 400 m, 1914-06-16, C. K. Schneider 3490 (A).

杨梅科
Myricaceae

贵定杨梅 ***Myrica cavaleriei*** Lévl. in Fedde, Repert. Sp. Nov. 12(341–345): 537. 1913. **Isotype:** China. Guizhou: Guiding, Pin-Fa, 1908-06-08, J. Cavalerie 3184 (A).

关岭杨梅 ***Myrica darrisii*** Lévl. in Fedde, Repert. Sp. Nov. 12(341–345): 537. 1913. **Isotype:** China. Guizhou: Guanling, Mou-you-se, Houang-ko-chou (=Huangguoshu), 1904-06-10, J. Cavalerie 2058 (A).

罗甸杨梅 ***Myrica esquirolii*** Lévl. in Fedde, Repert. Sp. Nov. 12(341–345): 537. 1913. **Isotype:** China. Guizhou: Luodian, 1912-01-30, J. H. Esquirol 3223 (A).

胡桃科

Juglandaceae

山核桃 ***Carya cathayensis*** Sargent in Pl. Wils. 3(1): 187. 1916. **Isotype:** China. Zhejiang: Changhua, 1915-07-08, F. N. Meyer 1521 (A).

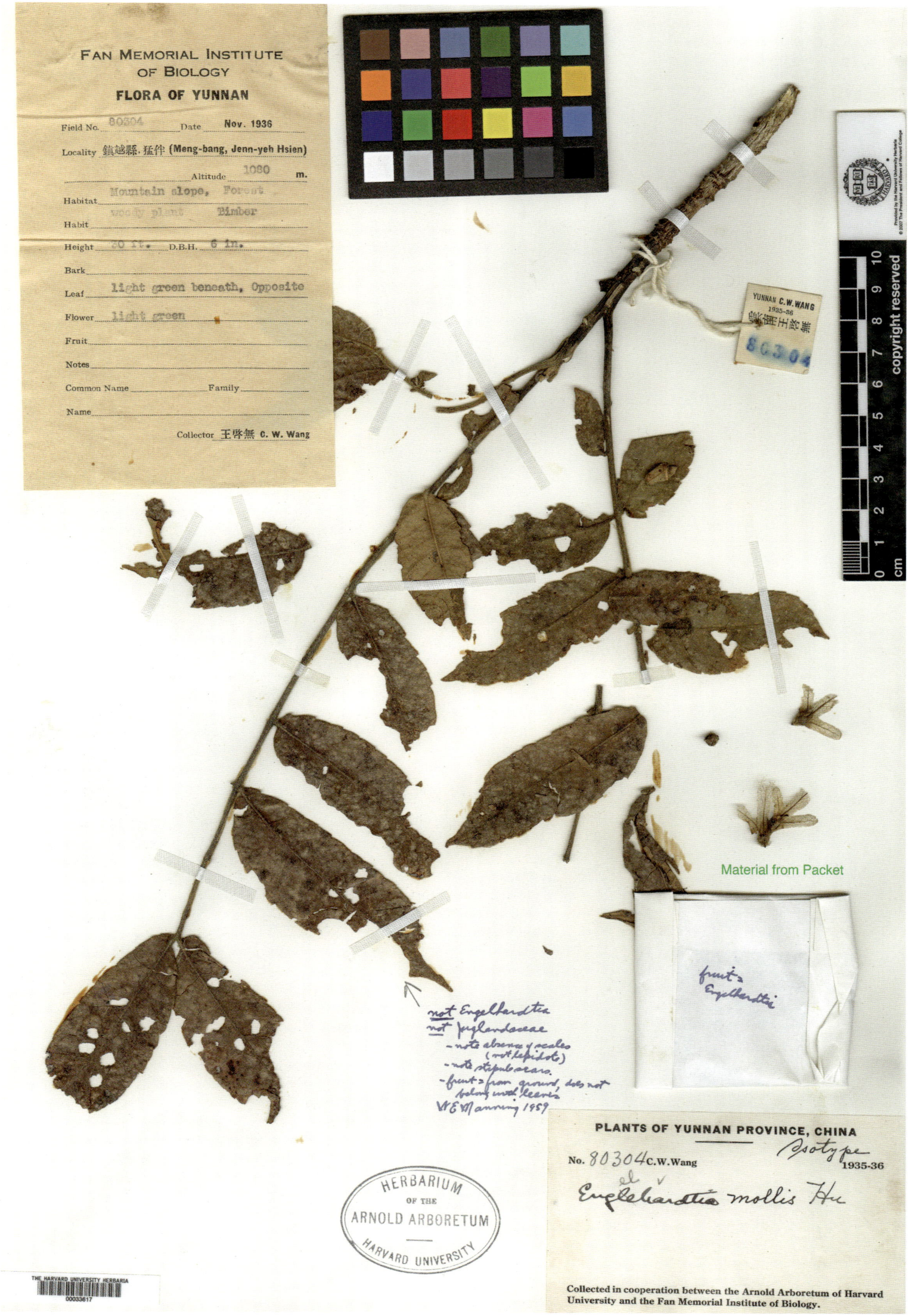

软黄杞 ***Engelhardtia mollis*** Hu in Bull. Fan Mem. Inst. Biol., Bot. 10: 161. 1940. **Isotype:** China. Yunnan: Mengla, alt. 1 080 m, 1936-11-??, C. W. Wang 80304 (A).

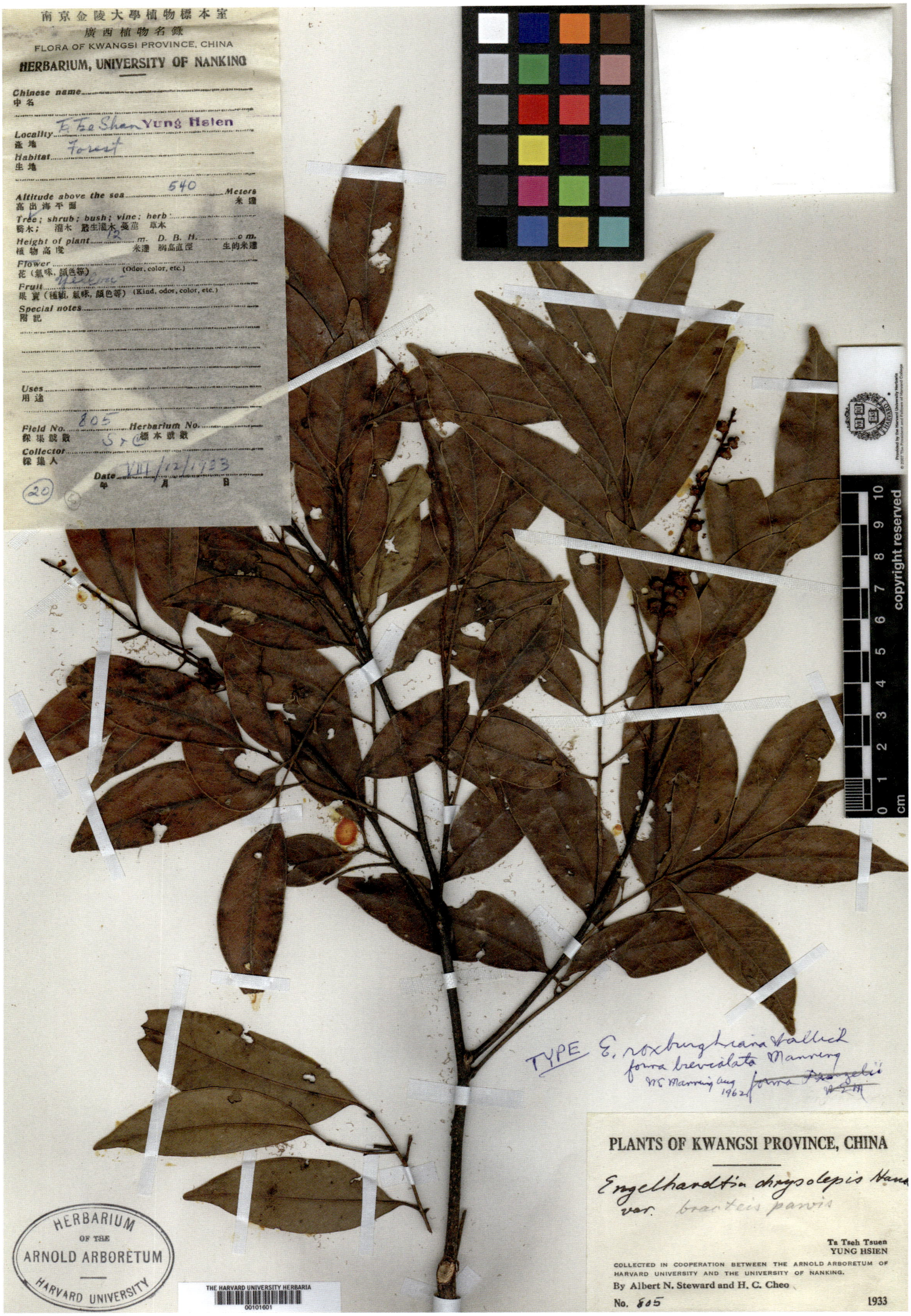

短翅黄杞 ***Engelhardtia roxburghiana*** Wall. f. ***brevialata*** W. E. Manning in Bull. Torrey Bot. Club 93: 51. 1966. **Holotype:** China. Guangxi: Yongfu, alt. 540 m, 1933-08-12, A. N. Steward & H. C. Cheo 805 (A).

柬埔寨黄杞 ***Engelhardtia serrata*** Bl. var. ***cambodica*** W. E. Manning in Bull. Torrey Bot. Club 93: 47. 1966. **Holotype:** China. Yunnan: Simao, alt. 1 500~1 920 m, 1922-03-(02-12), J. F. Rock 2800 (A).

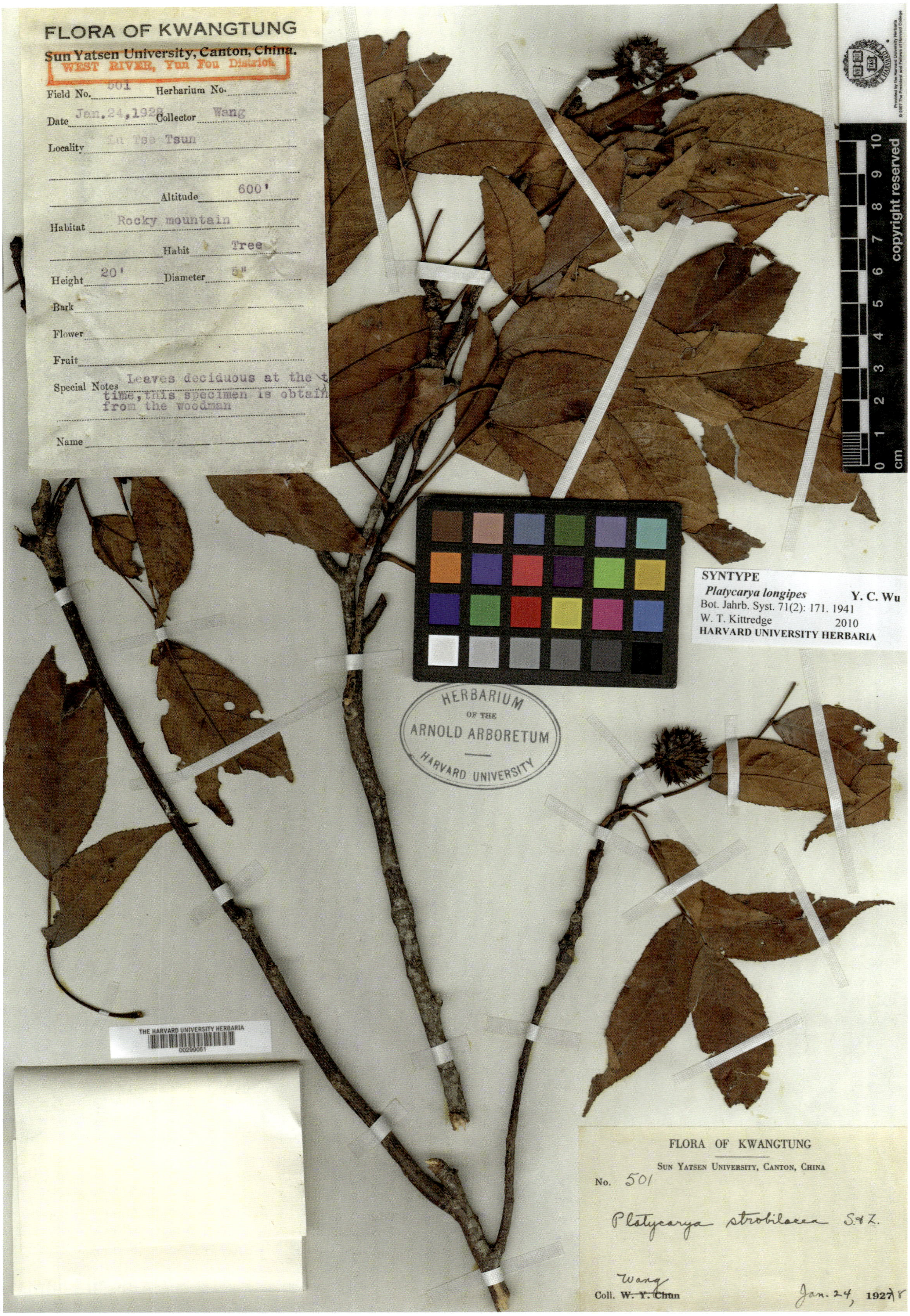

圆果化香树 ***Platycarya longipes*** Y. C. Wu in Bot. Jahrb. Syst. 71(2): 171. 1940. **Isosyntype:** China. Guangdong: Yunfu, alt. 183 m, 1928-01-24, Wang 501 (A).

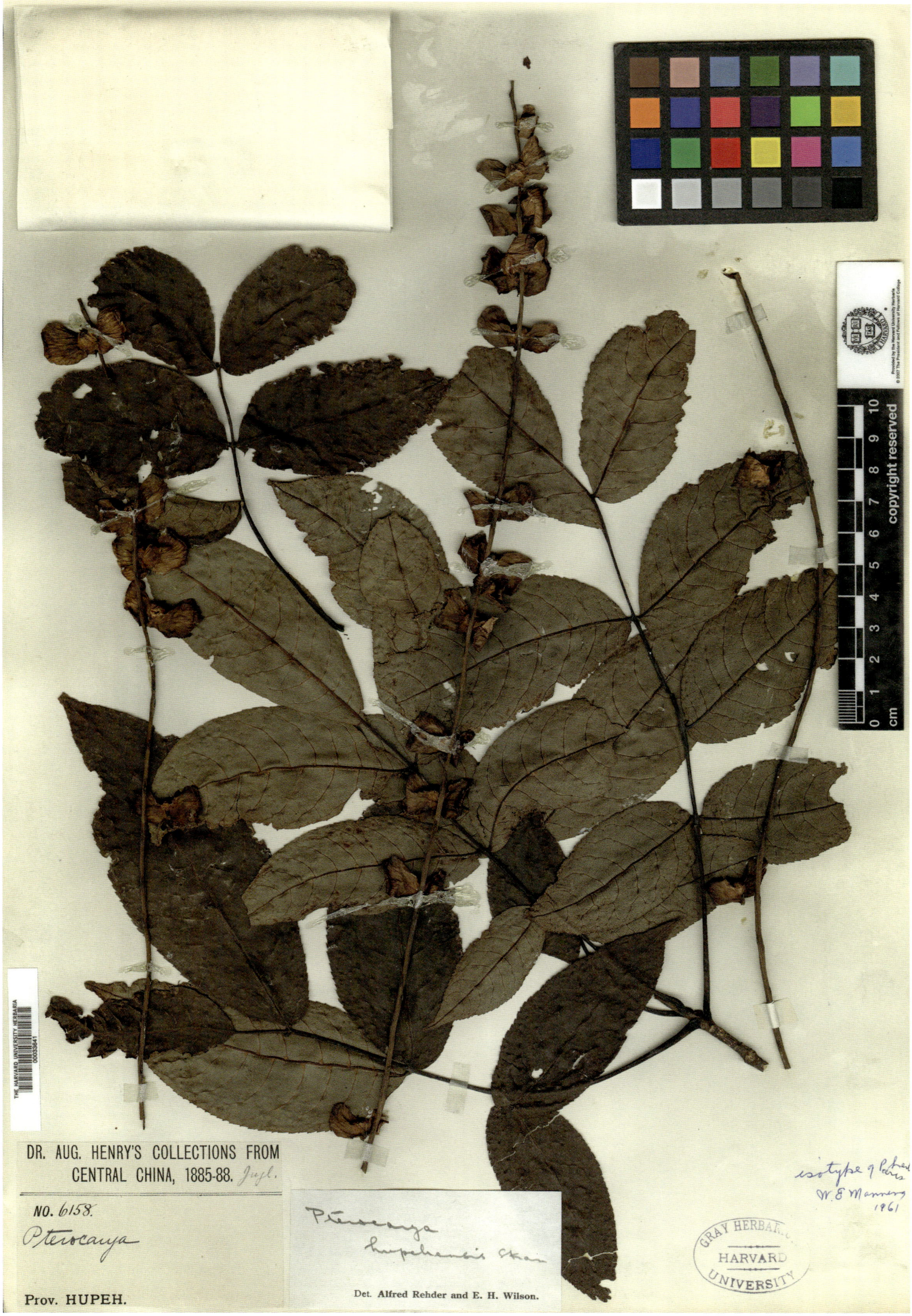

湖北枫杨 ***Pterocarya hupehensis*** Skan in J. Linn. Soc., Bot. 26(178): 493. 1899. **Isotype:** China. Hubei: Changyang, (1885-1888)-??-??, A. Henry 6158 (GH).

华西枫杨 ***Pterocarya insignis*** Rehd. & Wils. in Sargent, Pl. Wils. 3(1): 183. 1916. **Holotype:** China. Sichuan: Ebian, Wa Shan, alt. 1 678 m, 1908-09-18, E. H. Wilson 3212 (A).

桦木科

Betulaceae

桤木 ***Alnus cremastogyne*** Burk. in J. Linn. Soc., Bot. 26(178): 499. 1899. **Isosyntype:** China. Sichuan: Precise locality not known, A. Henry 8890 (GH).

川滇桤木 ***Alnus ferdinandi-coburgii*** Schneid. in Bot. Gazette 64(2): 147, pl. 15, f. K: 1–5. 1917. **Holotype:** China. Yunnan: Dali, alt. 2 800 m, 1914-10-03, C. K. Schneider 2716 (A).

天台桤木 ***Alnus jackii*** Hu in J. Arnold Arbor. 6(3): 140. 1925. **Isotype:** China. Zhejiang: Tiantai, Tiantai Shan, alt. 1 068 m, 1924-11-18, R. C. Ching 2606 (A).

毛桤木 *Alnus lanata* Duthie in Bull. Mis. Inf. Kew 1913(5): 164. 1913. **Isosyntype:** China. Sichuan: Kangding, alt. 1 525~2 440 m, 1908-10-??, E. H. Wilson 1377 a (A).

台湾桤木 ***Alnus maritima*** Steenis var. ***formosana*** Burk. in J. Linn. Soc., Bot. 26(178): 500. 1899. **Isosyntype:** China. Taiwan: Precise locality not known, 1864-??-??, R. Oldham 508 (GH).

毛桦 ***Betula albo-sinensis*** Burk var. ***septentrionalis*** Schneid. in Sargent, Pl. Wils. 2(3): 458. 1916. **Holotype:** China. Sichuan: Kangding, Dapao Shan, alt. 2 745~3 508 m, 1908-07-04, E. H. Wilson 900 (A).

广西桦 ***Betula kwangsiensis*** Metc. in Lingnan Sci. J. 20(2–4): 216, f. 2c. 1942. **Isotype:** China. Guangxi: Luocheng, alt. 1 190 m, 1928-06-27, R. C. Ching 6279 (A).

四川桦 ***Betula japonica*** Sieb. var. ***szechuanica*** Schneid. in Sargent, Pl. Wils. 3(3): 454. 1917. **Holotype:** China. Sichuan: Kangding, alt. 2 745~3 355 m, 1908-09-??, E. H. Wilson 983 (A).

藏桦 ***Betula japonica*** Sieb. var. ***rockii*** Rehd. in J. Arnold Arbor. 9(1): 25. 1928. **Holotype:** China. Xizang: Kokonor Region, Koko Gorge, alt. 3 355~3 508 m, 1925-(09-10)-??, J. F. Rock 13283 (A).

康定桦 ***Betula utilis*** D. Don var. ***prattii*** Burk. in J. Linn. Soc., Bot. 26(178): 499. 1899. **Isosyntype:** China. Sichuan: Kangding, alt. 2 745~4 118 m, A. E. Pratt 236 (GH).

长阳桦 ***Betula wilsoniana*** Schneid. Ill. Handb. Laubholzk. 2: 882. 1912. **Isosyntype:** China. Hubei: Changyang, 1900-04-06, E. H. Wilson 48 (A).

峨边桦 ***Betula wilsonii*** Bean in Bull. Mis. Inf. Kew 1914: 30. 1914. **Isotype:** China. Sichuan: Ebian, Wa Shan, alt. 2 135~2 745 m, 1908-10-??, E. H. Wilson 1140 (A).

华南鹅耳枥 ***Carpinus austrosinensis*** Hu in Sinensia 2(5): 87, f. 4. 1931. **Isotype:** China. Guizhou: Anlong, alt. 620 m, 1930-10-22, Y. Tsiang 7470 (A).

周氏鹅耳枥 ***Carpinus chowii*** Hu in J. Arnold Arbor. 13(3): 333. 1932. **Isotype:** China. Beijing: Fangshan, alt. 500 m, 1931-10-05, H. F. Chow 41730 (A).

粤北鹅耳枥 ***Carpinus chuniana*** Hu in J. Arnold Arbor. 13(3): 334. 1932. **Isotype:** China. Guangdong: Lechang, 1929-05-31, C. L. Tso 20872 (A).

川黔千金榆 ***Carpinus fangiana*** Hu in J. Arnold Arbor. 10(3): 154. 1929. **Isotype:** China. Chongqing: Nanchuan, alt. 1 525~1 830 m, 1928-06-01, W. P. Fang 1351 (A).

湖南鹅耳枥 ***Carpinus handelii*** Rehd. in J. Arnold Arbor. 1(1): 59. 1919. **Holotype:** China. Hunan: Linling (=Lingling), alt. 400 m, 1917-08-14, H. R. E. Handel-Mazzetti 421 (A).

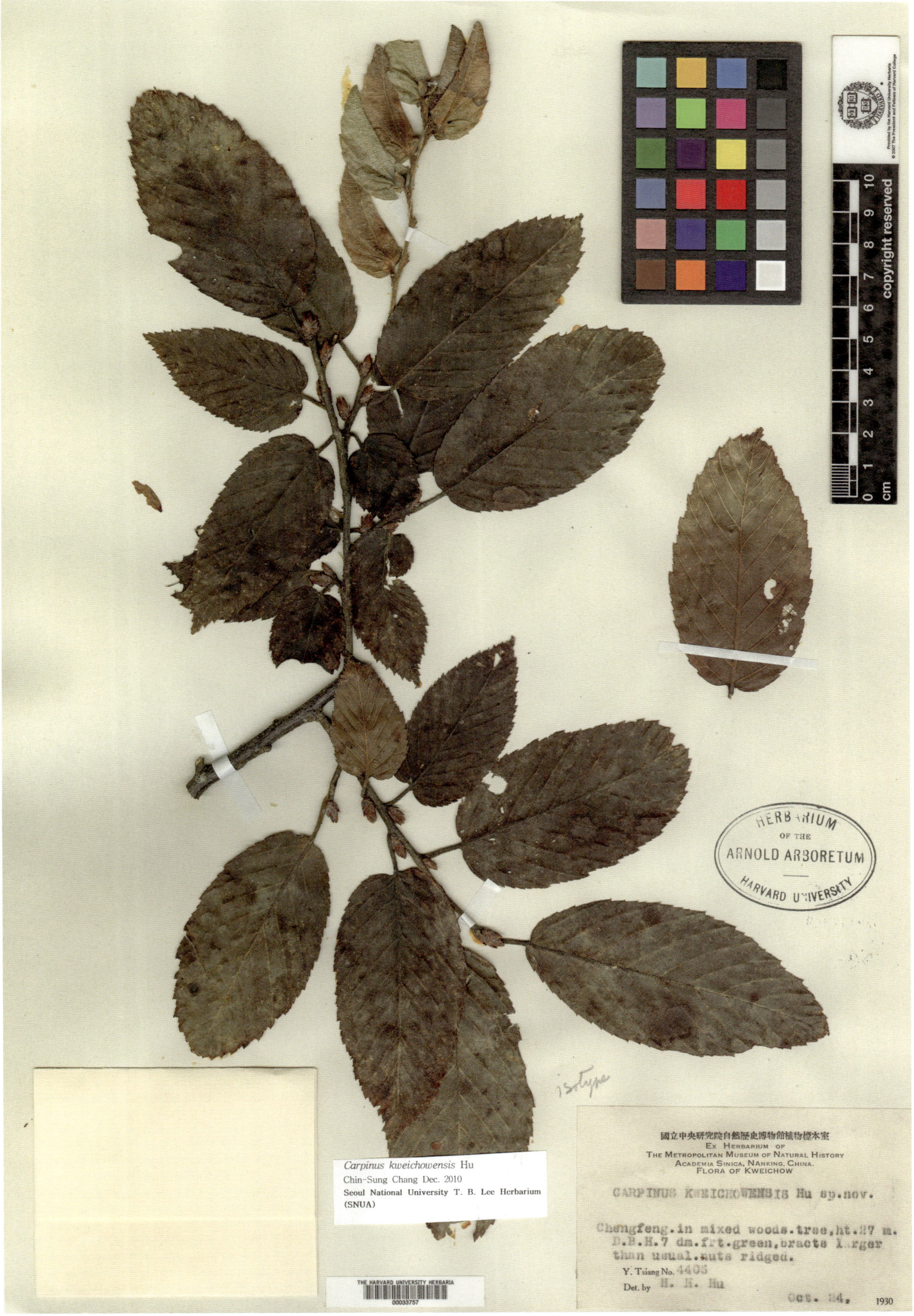

贵州鹅耳枥 ***Carpinus kweichowensis*** Hu in Sinensia 2(5): 79, f. 1. 1931. **Isotype:** China. Guizhou: Zhenfeng, 1930-10-24, Y. Tsiang 4406 (A).

贵定鹅耳枥 ***Carpinus kweitingensis*** Hu in Sunyatsenia 1(2–3): 119. 1931. **Isotype:** China. Guizhou: Guiding, alt. 400~550 m, 1930-06-29, Y. Tsiang 5440 (A).

短尾鹅耳枥 ***Carpinus londoniana*** H. Winkl. in Pflanzenr. 4(61): 32. 1904. **Isotype:** China. Yunnan: Simao, alt. 1 220 m, A. Henry 11640 (A).

毛叶千金榆 ***Carpinus mollis*** Rehd. in J. Arnold Arbor. 11(3): 154. 1930. **Holotype:** China. Sichuan: Songpan, 1923-08-17, W. P. Fang 4245 (A).

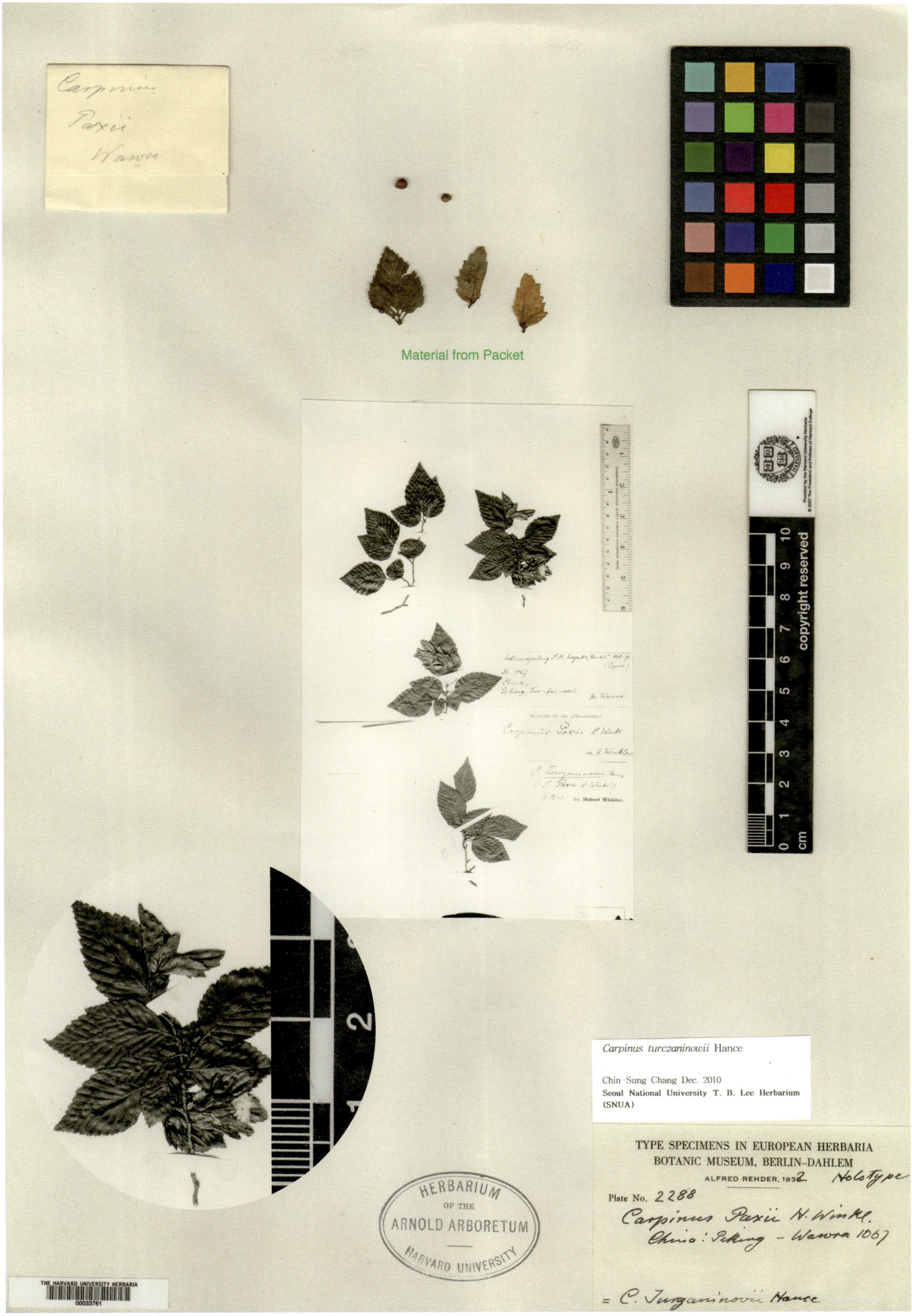

北京鹅耳枥 ***Carpinus paxii*** H. Winkl. in Pflanzenr. 4(61, Heft 19): 35, f. 10 A–C. 1904. **Isotype:** China. Beijing: Precise locality not known, H. Wawra 1067 (A).

平伐鹅耳枥 ***Carpinus pinfaensis*** Lévl. & Vaniot. in Bull. Soc. Bot. France. 52: 142. 1905. **Isotype:** China. Guizhou: Guiding, Pin-fa, 1903-05-28, J. Cavalerie 1011 (A).

峨眉鹅耳枥 ***Carpinus polyneura*** Franch. var. ***wilsoniana*** H. Winkl. in Bot. Jahrb. Syst. 50(Suppl.): 506. 1914. **Isotype:** China. Sichuan: Emeishan, Emei Shan, 1904-05-??, E. H. Wilson 5791 (A).

云贵鹅耳枥 ***Carpinus pubescens*** Burk. in J. Linn. Soc., Bot. 26(178): 502. 1899. **Isotype:** China. Yunnan: Mile, A. Henry 9929 (A).

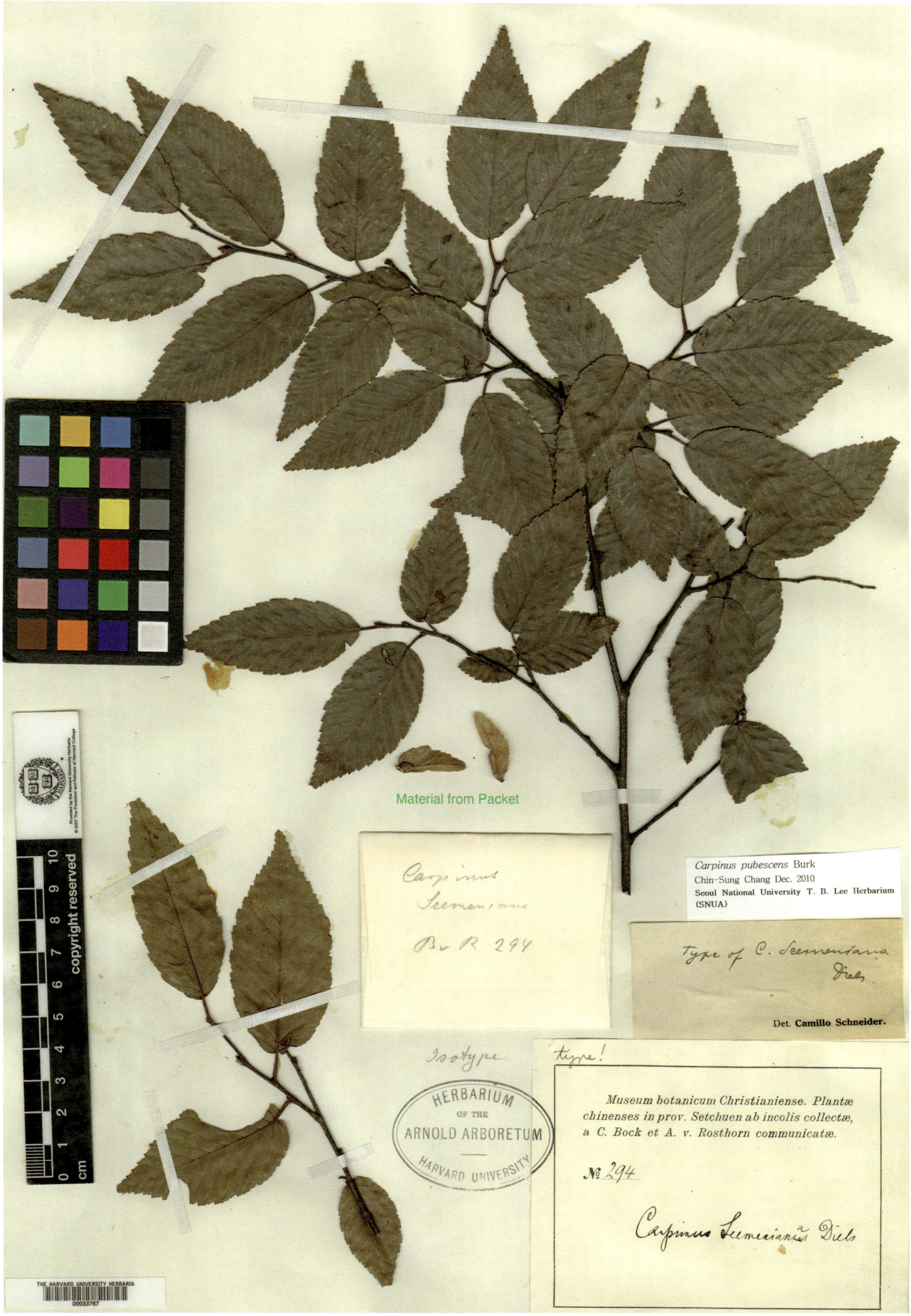

南川鹅耳枥 ***Carpinus seemeniana*** Diels in Bot. Jahrb.Syst. 29(2): 279. 1900. **Isotype:** China. Chongqing: Nanchuan, Ch. Bock & A. v. Rosthorn 294 (A).

托叶鹅耳枥 ***Carpinus stipulata*** H. Winkl. in Pflanzenr. 4(61, Heft 19): 35, f. 11. 1904. **Isotype:** China. Shaanxi: Qinling, Precise locality not known, G. Giraldi 7267 (A).

天台鹅耳枥 ***Carpinus tientaiensis*** W. C. Cheng in Contrib. Biol. Lab. Sci. Soc. China, Bot. Ser. 8: 135. 1932. **Isosyntype:** China. Zhejiang: Tiantai, Tiantai Shan, alt. 854 m, 1927-08-12, Y. L. Keng 1065 (A).

亨利鹅耳枥 ***Carpinus tschonoskii*** var. ***henryana*** H. Winkl. in Pflanzenr. 4(61): 36. 1904. **Isotype:** China. Sichuan: Precise locality not known, (1885-1888)-??-??, A. Henry 7063 (GH).

蒋氏鹅耳枥 ***Carpinus tsiangiana*** Hu in Sinensia 2(5): 90, f. 5. 1931. **Isotype:** China. Guizhou: Ma-an Shan, Kwangcheng, 1930-07-23, Y. Tsiang 8610 (A).

鹅耳枥 ***Carpinus turczaninovii*** Hance in J. Linn. Soc., Bot. 10: 203. 1868. **Isotype:** China. Beijing: Precise locality not known, 1865-08-??, S. W. Williams s. n. (=Herb. H. F. Hance 12681) (GH).

卵圆叶鹅耳枥 ***Carpinus turczaninovii*** Hance var. ***ovalifolia*** H. Winkl. in Bot. Jahrb. Syst. 50(Suppl.): 505. 1914. **Isotype:** China. Sichuan: Precise locality not known, (1885-1888)-??-??, A. Henry 7020 (GH).

贡山鹅耳枥 ***Carpinus viminea*** Wall. var. ***chiukiangensis*** Hu in Acta Phytotax. Sin. 9(3): 282. 1964. **Isotype:** China. Yunnan: Gongshan, Upper Kiukiang Valley, alt. 1 950 m, 1938-07-31, T. T. Yu 19531 (A).

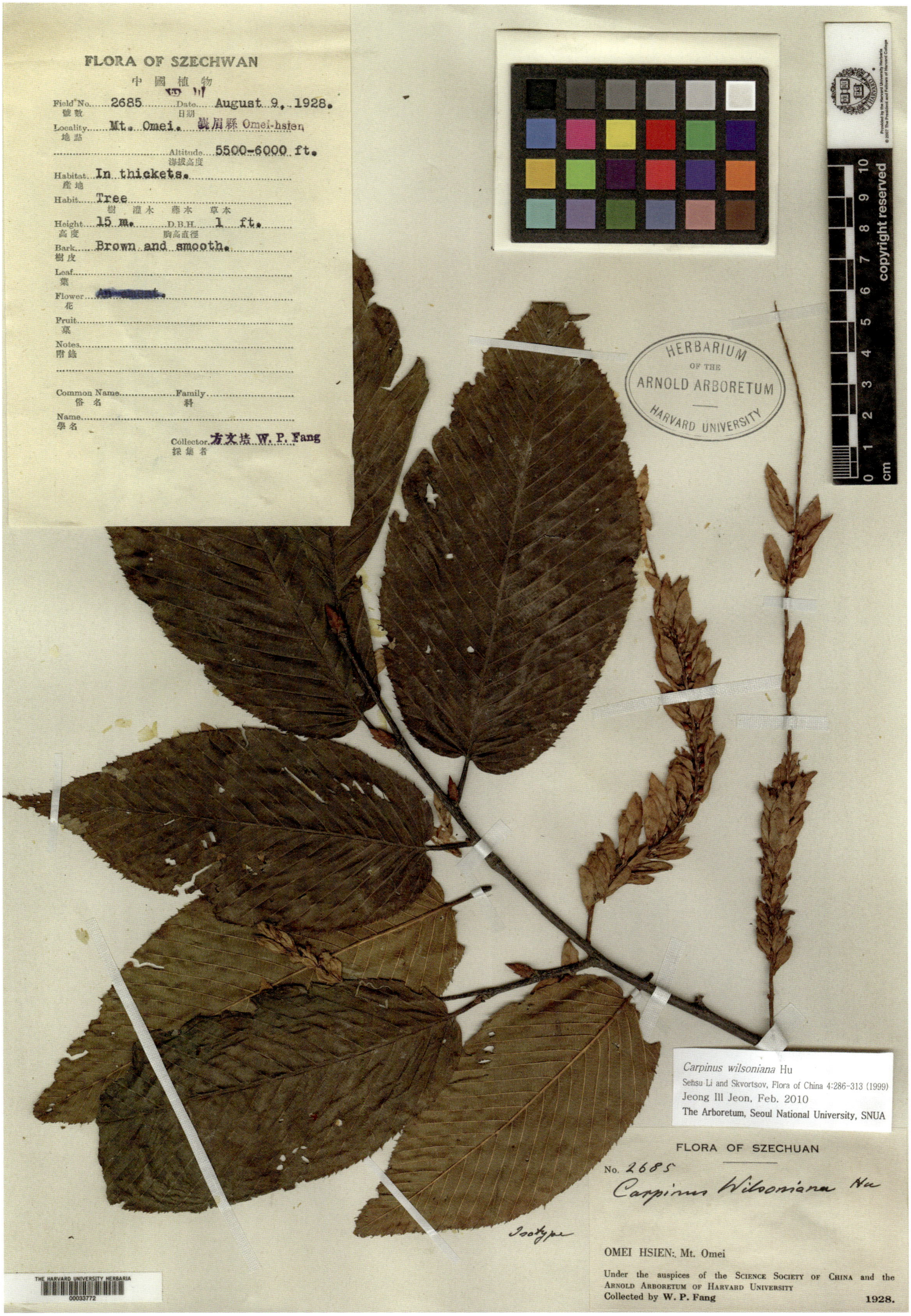

文培鹅耳枥 ***Carpinus wilsoniana*** Hu in J. Arnold Arbor. 10(3): 155. 1929. **Isotype:** China. Sichuan: Emeishan, Emei Shan, alt. 1 678~1 830 m, 1928-08-09, W. P. Fang 2685 (A).

大果华榛 ***Corylus chinensis*** Franch. var. ***macrocarpa*** Hu in Bull. Fan Mem. Inst. Biol., Bot. 8: 32. 1938. **Isotype:** China. Yunnan: Weixi, alt. 3 400 m, 1935-08-??, C. W. Wang 68308 (A).

巴东鹅耳枥 ***Corylus heterophylla*** Fisch. var. ***crista-galli*** Burk. in J. Linn. Soc., Bot. 26(178): 504. 1899. **Isosyntype:** China. Hubei: Badong, (1885-1888)-??-??, A. Henry 6413 (GH).

维西榛 ***Corylus wangii*** Hu in Bull. Fan Mem. Inst. Biol., Bot. 8: 31. 1937. **Isotype:** China. Yunnan: Weixi, 1935-08-??, C. W. Wang 68243 (A).

东陵鹅耳枥 ***Ostrya liana*** Hu in J. Arnold Arbor. 11(1): 49. 1930. **Isotype:** China. Hebei: Eastern Tomb, 1929-09-15, C. F. Li 10003 (A).

多脉铁木 ***Ostrya multinervis*** Rehd. in J. Arnold Arbor. 19(1): 71, pl. 217. 1938. **Holotype:** China. Hunan: Xinning, alt. 650 m, 1935-10-13, C. S. Fan & Y. Y. Li 605 (A).

天目铁木 ***Ostrya rehderiana*** Chun in J. Arnold Arbor. 8(1): 19. 1927. **Isosyntype:** China. Zhejiang: Tianmu Shan, alt. 400 m, 1925-10-02, R. C. Ching 3385 (A).

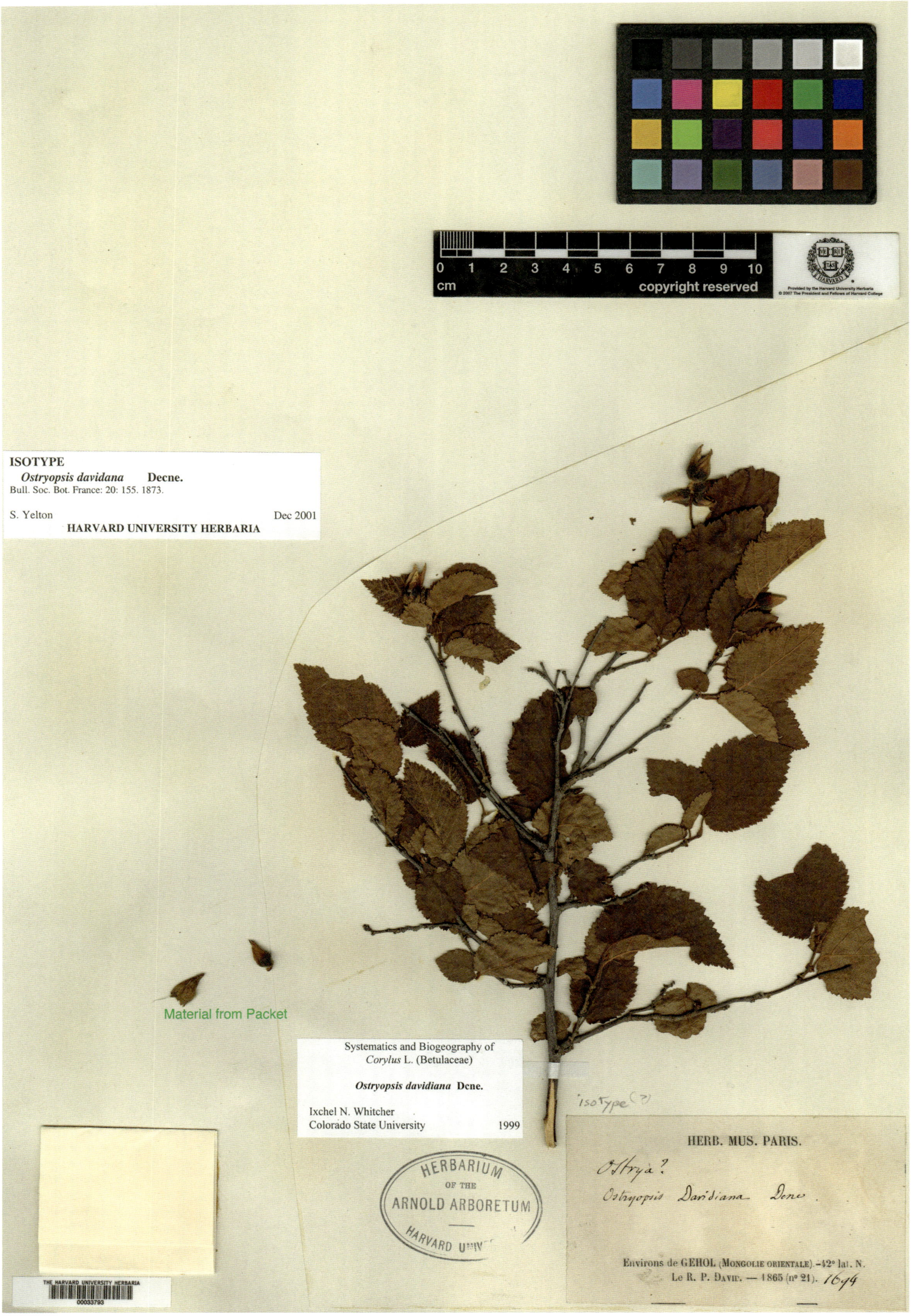

虎榛子 ***Ostryopsis davidiana*** Dcne. in Bull. Soc. Bot. France 20: 155. 1873. **Isotype:** China. Hebei: Northern Hebei, 1865-??-??, A. David 1694 (A).

壳斗科

Fagaceae

波氏栗 ***Castanea bodinieri*** Lévl. & Vant. in Bull. Soc. Bot. France 52: 142. 1905. **Isotype:** China. Yunnan: Kiang-Tchou-se, 1897-02-02, Bodinier s. n. (A).

城口栗 ***Castanea fargesii*** Dode in Bull. Soc. Dendr. France 8: 158, f. s. n. 1908. **Isosyntype:** China. Chongqing: Chengkou, 1887, 1889, R. P. Farges 698 (A).

长渐尖栗 ***Castanea sativa*** Skan var. ***acuminatissima*** Seem. in Bot. Jahrb. Syst. 29(2): 287. 1900. **Isosyntype:** China. Chongqing: Nanchuan, 1891-??-??, A. v. Rosthorn 1523 (A).

白刺锥 ***Castanopsis argyracantha*** A. Camus in Not. Syst. 6(4): 178. 1938. **Isotype:** China. Guangxi: Sanjiang, 1933-09-06, alt. 300 m, A. N. Steward & H. C. Cheo 999 (A).

歪锥***Castanopsis asymmetrica*** Lévl., Fl. Kouy-Tchéou 125. 1915. **Isosyntype:** China. Guizhou: Guiyang, 1898-04-15, J. Chaffanjon & E. Bodinier 2235 (A).

贵定锥 ***Castanopsis cavaleriei*** Lévl. in Fedde, Repert. Sp. Nov. 12(336–340): 506. 1913. **Isotype:** China. Guizhou: Guiding, Pin-fa, 1905-09-24, J. Cavalerie 2514 (A).

瓦山锥 *Castanopsis ceratacantha* Rehd. & Wils. in Sargent, Pl. Wils. 3(2): 199. 1916. **Holotype:** China. Sichuan: Ebian, Wa Shan, alt. 915~1 373 m, 1908-10-??, E. H. Wilson 1142 (A).

锥 ***Castanopsis chinensis*** Hance in J. Linn. Soc., Bot. 10: 201. 1869. **Isotype:** China. Guangdong: North River, 1866-09-19, G. T. Sampson & H. F. Hance s. n. (=Herb. H. F. Hance 13785) (GH).

仁昌锥 ***Castanopsis chingii*** A. Camus in Bull. Mus. Hist. Nat., sér. 2, 1(2): 165. 1929. **Isotype:** China. Zhejiang: Shimen, 1924-07-19, R. C. Ching 2170 (A).

同色锥 ***Castanopsis concolor*** Rehd. & Wils. in Sargent, Pl. Wils. 3(2): 203. 1916. **Holotype:** China. Yunnan: Yuanchang (=Baoshan), alt. 2 135 m, A. Henry 13342 (A).

高山锥 ***Castanopsis delavayi*** Franch. in J. Bot. (Morot) 13(6): 194. 1899. **Isosyntype:** China. Yunnan: Binchuan, 1888-07-10, P. J. M. Delavay 4520 (A).

高山锥 ***Castanopsis delavayi*** Franch. in J. Bot. (Morot) 13(6): 194. 1899. **Isosyntype:** China. Yunnan: Binchuan, 1888-04-26, P. J. M. Delavay 3417 (A).

佛海锥 ***Castanopsis fohaiensis*** Hu in Bull. Fan Mem. Inst. Biol., Bot. 10: 91. 1940. **Isotype:** China. Yunnan: Fo-Hai (=Menghai), alt. 1 800 m, 1936-07-??, C. W. Wang 77245 (A).

香港锥 ***Castanopsis greenii*** Chun in J. Arnold Arbor. 9(4): 150. 1928. **Syntype:** China. Hong Kong: New Territories, 1927-12-02, W. Y. Chun 4966B (A).

香港锥 ***Castanopsis greenii*** Chun in J. Arnold Arbor. 9(4): 150. 1928. **Syntype:** China. Hong Kong: New Territories, 1927-03-24, W. Y. Chun 4966 (A).

海南锥 ***Castanopsis hainanensis*** Merr. in Philipp. J. Sci. 21(4): 340. 1922. **Isotype:** China. Hainan: Nam fung, Hong Ma Tsuen, alt. 400 m, 1921-12-03, F. A. McClure 1796 (=Canton Christian College 8300) (ECON).

锥栗 ***Castanopsis henryi*** Skan in J. Linn. Soc., Bot. 26(178): 523. 1899. **Isosyntype:** China. Hubei: Badong, (1885-1888)-??-??, A. Henry 2878 (A).

灰白毛锥 ***Castanopsis incana*** A. Camus in Bull. Mus. Hist. Nat., sér. 2, 1(2): 165. 1929. **Isotype:** China. Zhejiang: Jinhua, alt. 1 281 m, 1924-08-07, R. C. Ching 2317 (A).

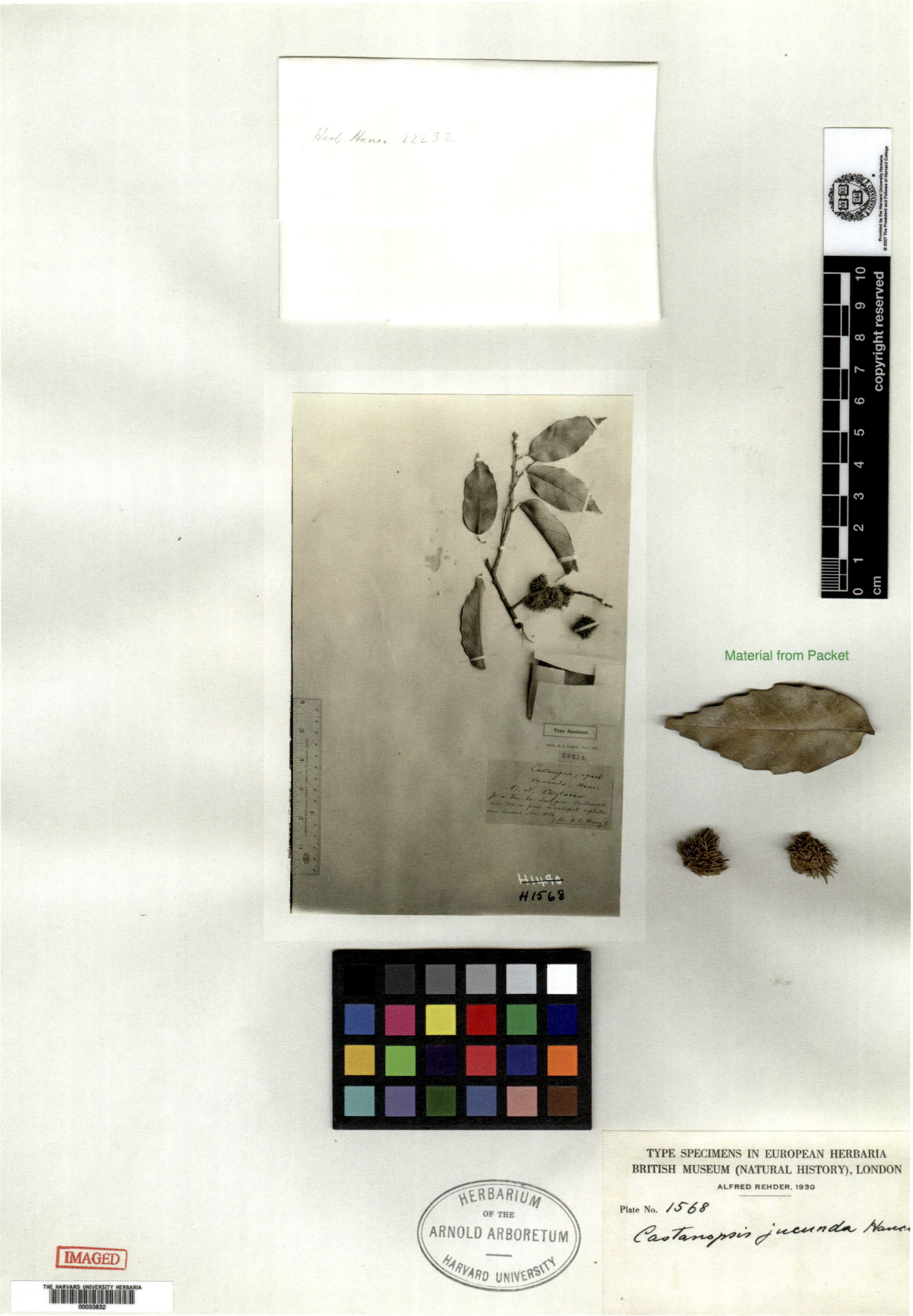

秀丽锥 ***Castanopsis jucunda*** Hance in J. Bot. 22(8): 230. 1884. **Isotype:** China. Guangdong: Tan-ha-shan, alt. 300 m, 1883-11-??, B. C. Henry s. n. (=Herb. H. F. Hance 22232) (A).

鹿角锥 ***Castanopsis lamontii*** Hance in J. Bot. 13(156): 368. 1875. **Isotype:** China. Hong Kong: in valle Wong nei chung, 1874-11-??, Rev. J. Lamont s. n. (=Herb. H. F. Hance 18992) (A).

长序锥 ***Castanopsis longispicata*** Hu in Bull. Fan Mem. Inst. Biol., Bot. 10: 86. 1940. **Isotype:** China. Yunnan: Che-li (=Jinghong), alt. 1 200 m, 1936-09-??, C. W. Wang 75883 (A).

大叶锥 ***Castanopsis megaphylla*** Hu in Bull. Fan Mem. Inst. Biol., Bot. 10: 85. 1940. **Isotype:** China. Yunnan: Pingbian, alt. 1 100 m, 1934-06-21, H. T. Tsai 60410 (A).

小果栲 ***Castanopsis microcarpa*** Hu in Bull. Fan Mem. Inst. Biol., n. s. 1(3): 222. 1949. **Isotype:** China. Yunnan: Shunning (=Fengqing), alt. 2 000 m, 1938-09-11, T. T. Yu 17624 (A).

元江锥 ***Castanopsis orthacantha*** Franch. in J. Bot. (Morot) 13(6): 194. 1899. **Isotype:** China. Yunnan: Bingchuan, 1883-04-29, P. J. M. Delavay 552 (A).

扁刺锥 ***Castanopsis platyacantha*** Rehd. & Wils. in Sargent, Pl. Wils. 3(2): 200. 1916. **Holotype:** China. Sichuan: Mupin (=Baoxing), alt. 915~1 220 m, 1908-10-??, E. H. Wilson 1096 (A).

疏齿锥 ***Castanopsis remotidenticulata*** Hu in Acta Phytotax. Sin. 1(1): 104. 1951. **Isotype:** China. Yunnan: Wenshan, alt. 1 800~2 200 m, 1947-08-12, K. M. Feng 11140 (A).

粗刺锥 ***Castanopsis robustispina*** Hu in Bull. Fan Mem. Inst. Biol., n. s. 1: 226. 1949. **Isotype:** China. Yunnan: Si-chour (=Xichou), alt. 1 300~1 500 m, 1947-10-12, K. M. Feng 12388 (A).

红壳锥 ***Castanopsis rufotomentosa*** Hu in Bull. Fan Mem. Inst. Biol., n. s. 1: 223. 1948. **Isotype:** China. Yunnan: Si-chour (=Xichou), alt. 1 500~1 600 m, 1947-09-19, K. M. Feng 11905 (A).

台湾锥 ***Castanopsis tribuloides*** (Sm.) A. DC. var. ***formosana*** Skan in J. Linn. Soc., Bot. 26(178): 524. 1899. **Isosyntype:** China. Taiwan: South Cape, A. Henry 1710 (A).

启无锥 ***Castanopsis wangii*** Hu in Bull. Fan Mem. Inst. Biol., Bot. 10: 92. 1940. **Isotype:** China. Yunnan: Che-li (=Jinghong), alt. 1 300 m, 1936-08-??, C. W. Wang 77834 (A).

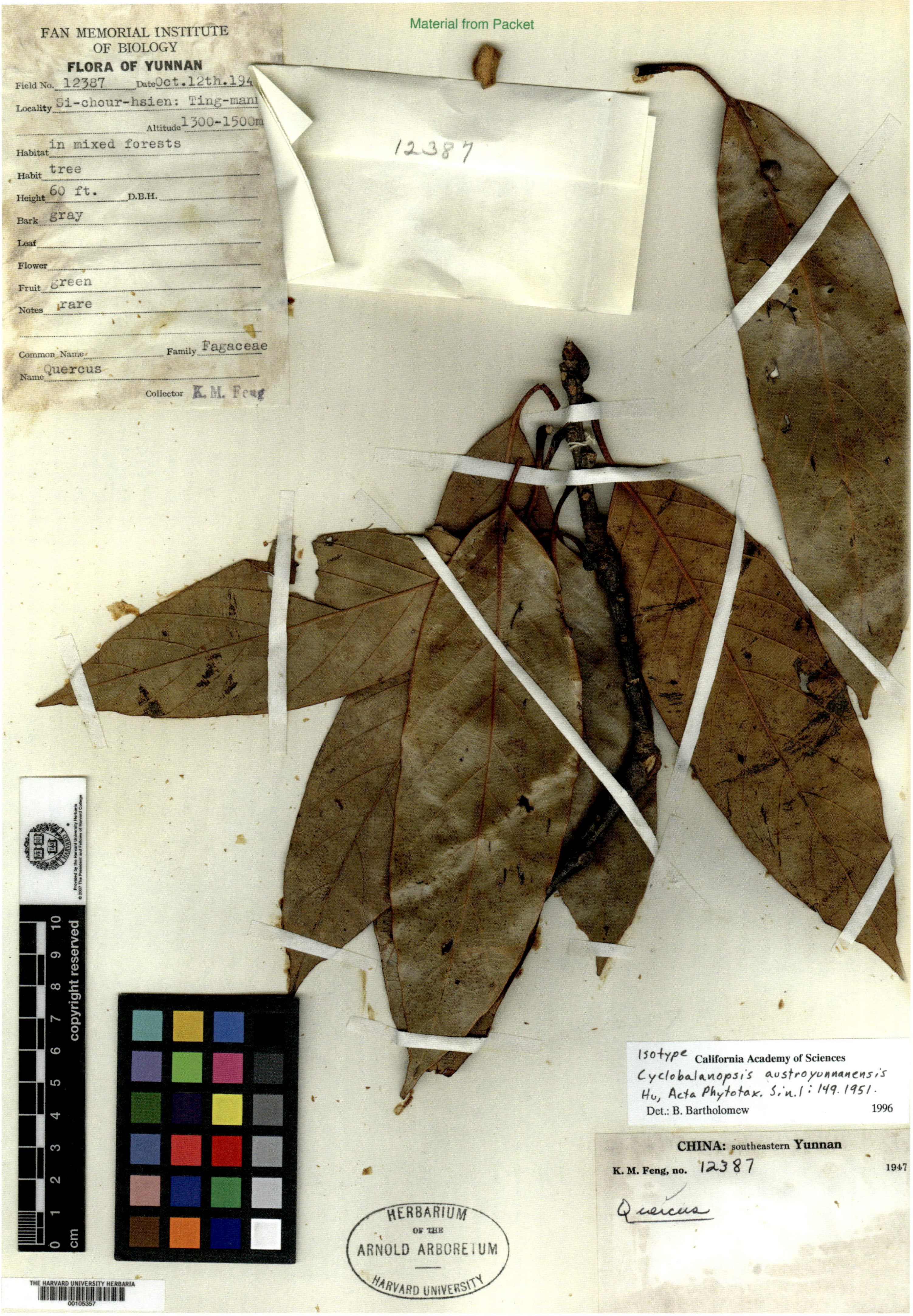

滇南椆 ***Cyclobalanopsis austroyunnanensis*** Hu in Acta Phytotax. Sin. 1(2): 149. 1951. **Isotype:** China. Yunnan: Si-chour (= Xichou), alt. 1 300~1 500 m, 1947-10-12, K. M. Feng 12387 (A).

法斗椆 ***Cyclobalanopsis faadoouensis*** Hu in Acta Phytotax. Sin. 1(2): 150. 1951. **Isotype:** China. Yunnan: Si-chour (=Xichou), alt. 1 400~1 500 m, 1947-09-29, K. M. Feng 12098 (A).

滇青冈 ***Cyclobalanopsis glaucoides*** Schott. in Bot. Jahrb. Syst. 47(5): 657. 1912. **Isosyntype:** China. Yunnan: Simao, alt. 1 500 m, A. Henry 11770 (A).

国楣槠 ***Cyclobalanopsis koumeii*** Hu in Acta Phytotax. Sin. 1(2): 151. 1951. **Isotype:** China. Yunnan: Si-chour (= Xichou), alt. 1 500~1 800 m, 1947-09-02, K. M. Feng 11560 (A).

黑果椆 ***Cyclobalanopsis nigrinux*** Hu in Acta Phytotax. Sin. 1(2): 153. 1951. **Isotype:** China. Yunnan: Si-chour (= Xichou), alt. 1 500~1 600 m, 1947-09-19, K. M. Feng 11904 (A).

香屏椆***Cyclobalanopsis shiangpyngensis*** Hu in Acta Phytotax. Sin. 1(2): 153. 1951. **Isotype:** China. Yunnan: Si-chour (=Xichou), alt. 1 500~1 800 m, 1947-09-02, K. M. Feng 11541 (A).

短柄山毛榉 ***Fagus brevipetiolata*** Hu in Acta Phytotax. Sin. 1(1): 103. 1951. **Isotype:** China. Yunnan: Mar-li-po (=Malipo), alt. 1 500~1 700 m, 1947-12-13, K. M. Feng 13815 (A).

钱氏水青冈*Fagus chienii* W. C. Cheng in Contrib. Biol.l Lab. Sci. Soc. China, Bot. Ser.10: 70. 1935. **Isotype:** China. Sichuan: Pingwu, alt. 1 300 m, 1931-08-17, W. C. Cheng 2903 (A).

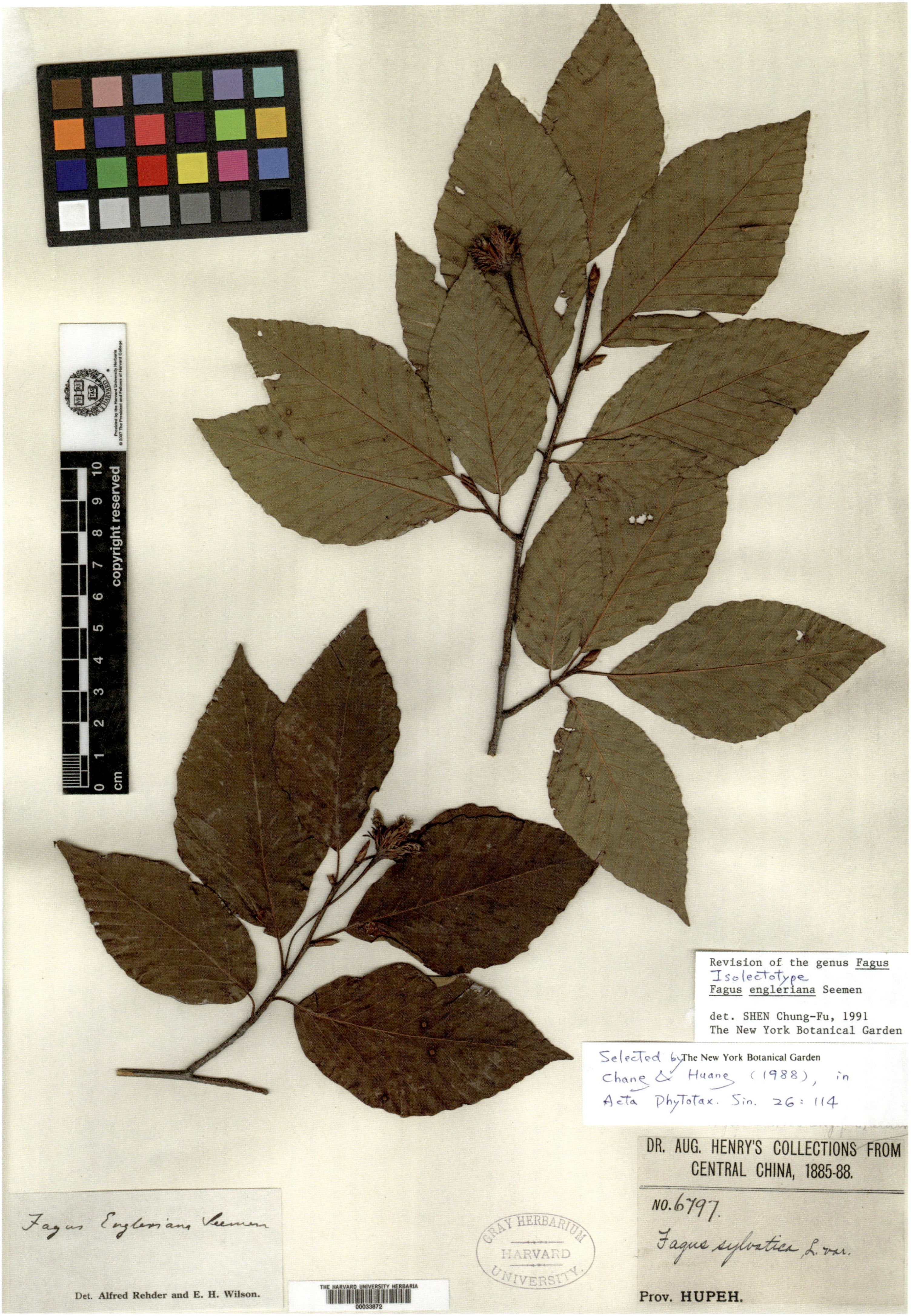

米心水青冈 ***Fagus engleriana*** Seem. ex Diels in Bot. Jahrb. Syst. 29(2): 285, f. 1 A–D. 1900. **Isosyntype:** China. Hubei: Fang Xian, (1885-1888)-??-??, A. Henry 6797 (GH).

水青冈 ***Fagus longipetiolata*** Seem. in Bot. Jahrb. Syst. 23(5, Beibl. 57): 56. 1897. **Isosyntype:** China. Hubei: Precise locality not known, (1885-1888)-??-??, A. Henry 5334A (GH).

光叶水青冈 ***Fagus lucida*** Rehd. & Wils. in Sargent, Pl. Wils. 3(2): 191. 1916. **Holotype:** China. Hubei: Hsing-shan (=Xingshan), alt. 1 525~2 440 m, 1907-05-31, E. H. Wilson 715 (A).

天台水青冈 ***Fagus tientaiensis*** Liou in Contr. Inst. Bot., Nat. Acad. Peiping 3: 451. 1935. **Isotype:** China. Zhejiang: Tiantai, Tiantai Shan, 1934-08-08, S. Chen 3718 (A).

短穗柯 ***Lithocarpus brachystachyus*** Chun in J. Arnold Arbor. 28(2): 230. 1947. **Isotype:** China. Hainan: Dongfang, 1933-10-23, H. Y. Liang 63718 (A).

褐色柯***Lithocarpus brunnea*** Rehd. in J. Arnold Arbor. 11(3): 156. 1930. **Holotype:** China. Sichuan: Leshan, alt. 458 m, 1928-07-28, W. P. Fang 2290 (A).

楔形柯*Lithocarpus cuneiformis* A. Camus in Bull. Soc. Bot. France 94(7–8): 271. 1947. **Isotype:** China. Guizhou: Fanjing Shan, alt. 800 m, 1931-11-09, A. N. Steward & H. C. Cheo 868 (A).

泰顺柯 ***Lithocarpus dunnii*** Metc. in Lingnan Sci. J. 10(4): 483. 1931. **Syntype:** China. Zhejiang: Taishun, alt. 885 m, 1924-07-18, R. C. Ching 2143 (A).

椭圆柯 ***Lithocarpus ellipticus*** Metc. in Lingnan Sci. J. 10: 218. 1942. **Holotype:** China. Fujian: Yanping, alt. 730 m, 1924-08-05, H. H. Chung 2905 (A).

秃柯 ***Lithocarpus elliptica*** Metc. var. ***glabrata*** Metc. in Lingnan Sci. J. 10: 218. 1942. **Holotype:** China. Guangdong: Longmen, Nankun Shan, 1935-06-(01-19), W. T. Tsang 25359 (A).

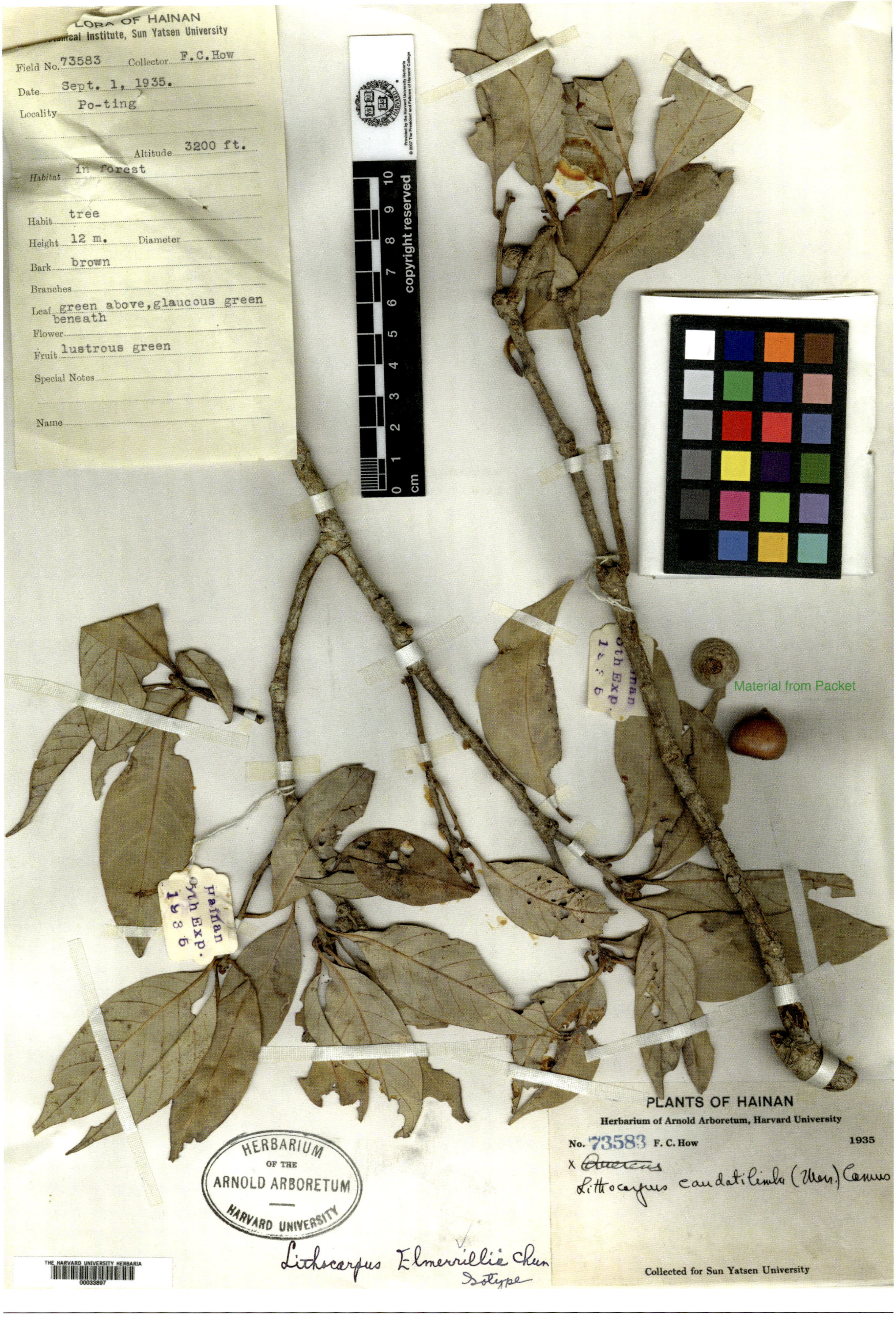

万宇柯 ***Lithocarpus elmerrillii*** Chun in J. Arnold Arbor. 28(2): 232. 1947. **Isotype:** China. Hainan: Po-ting (=Baoting), alt. 976 m, 1935-09-01, F. C. How 73583 (A).

梨果柯 ***Lithocarpus howii*** Chun in J. Arnold Arbor. 28(2): 235. 1947. **Isotype:** China. Hainan: Po-ting (=Baoting), alt. 336 m, 1935-07-12, F. C. How 73184 (A).

胡氏柯 ***Lithocarpus hui*** A. Camus in Bull. Soc. Bot. France 85: 654. 1938. **Isotype:** China. Yunnan: Gongshan, alt. 2 500 m, 1935-10-??, C. W. Wang 67411 (A).

拟鼠李叶柯 ***Lithocarpus iteaphylloides*** Chun in J. Arnold Arbor. 28(2): 236. 1947. **Isosyntype:** China. Guangdong: Yunfu, Tung Lu Ping, alt. 850 m, 1927-12-30, W. Y. Chun 6000 (A).

挺叶柯*Lithocarpus ithyphyllus* Chun ex Hung T. Chang in Acta Sci. Nat. Univ. Sunyatseni 1: 32. 1960. **Isotype:** China. Guangdong: Longmen, Nankun Shan, 1935-06-(01-19), W. T. Tsang 25436 (A).

广东石栎 ***Lithocarpus kwangtungensis*** Hong T. Chang in Acta Sci. Nat. Univ. Sunyatseni 1960(1): 29. 1960. **Isosyntype:** China. Guangdong: Wengyuan, 1933-10-(07-30), S. K. Lau 2628 (A).

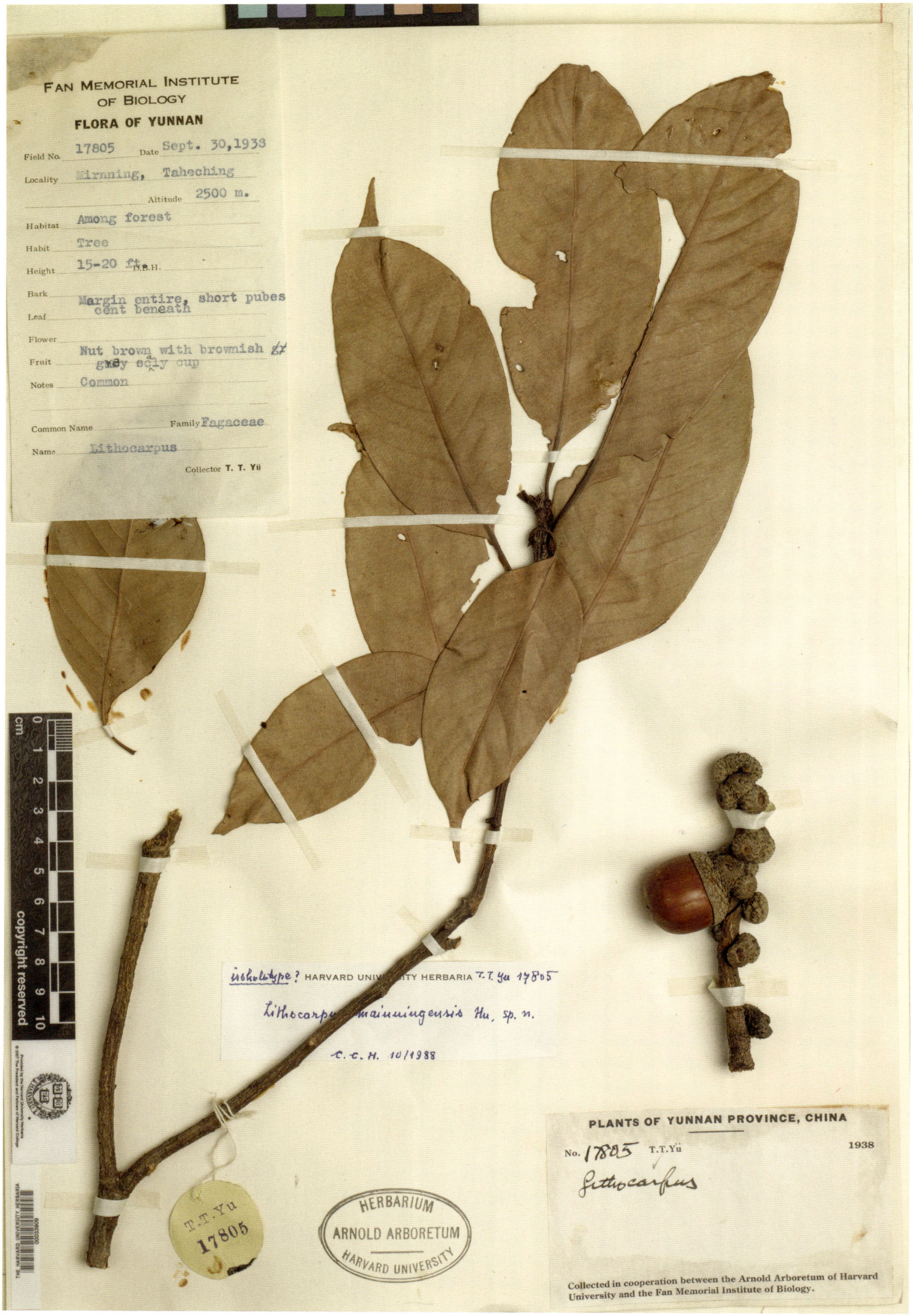

缅宁石栗 ***Lithocarpus mianningensis*** C. C. Hu in Acta Phytotax. Sin. 1(1): 106. 1951. **Isotype:** China. Yunnan: Mirnning (=Lincang), alt. 2 500 m, 1938-09-30, T. T. Yu 17805 (A).

卵叶柯 ***Lithocarpus obovatilimba*** Chun in J. Arnold Arbor. 28(2): 236. 1947. **Isotype:** China. Hainan: Lingshui, alt. 610 m, 1935-10-09, F. C. How 73758 (A).

榄叶柯 ***Lithocarpus oleifolius*** A. Camus in Bull. Soc. Bot. France 94(7–8): 271. 1947. **Isotype:** China. Guangxi: Yongfu, alt. 540 m, 1933-08-17, A. N. Steward & H. C. Cheo 828 (A).

穆坪柯 ***Lithocarpus spicata*** (Sm.) Rehd. & Wils. var. ***mupinensis*** Rehd. & Wils. in Sargent, Pl. Wils. 3(2): 207. 1917.

Holotype: China. Sichuan: Baoxing, alt. 915~1 525 m, 1908-10-??, E. H. Wilson 3629 (A).

薄叶石栎 ***Lithocarpus tenuilimba*** Hung T. Chang in Acta Sci. Nat. Univ. Sunyatseni. 1960(1): 31. 1960. **Isotype:** China. Guangdong: Wengyuan, 1933-11-(01-12), S. K. Lau 2723 (A).

曾氏柯 ***Lithocarpus tsangii*** A. Camus in Not. Syst. 6: 182. 1938. **Isotype:** China. Guangdong: Huaiji, 1933-11-??, W. T. Tsang 23241 (A).

钩柯 ***Lithocarpus uncinata*** A. Camus in Not. Syst. 6(4): 184. 1938. **Isosyntype:** China. Guangxi: Shangsi, 1933-04-04, W. T. Tsang 22038 (A).

钩柯 ***Lithocarpus uncinata*** A. Camus in Not. Syst. 6(4): 184. 1938. **Isosyntype:** China. Guangxi: Shangsi, 1933-06-(02-07), W. T. Tsang 22400 (A).

车里柯 ***Pasania cheliensis*** Hu ex A. Camus in Bull. Soc. Bot. France 94(7–8): 270. 1947. **Isosyntype:** China. Yunnan: Che-li (=Jinghong), alt. 1 100 m, 1936-08-??, C. W. Wang 75658 (A).

密叶柯 ***Pasania confertifolia*** Hu in Acta Phytotax. Sin. 1(1): 109. 1951. **Isotype:** China. Yunnan: Mar-li-po (=Malipo), alt. 1 600~2 000 m, 1947-12-09, K. M. Feng 13716 (A).

刺壳柯 ***Pasania echinothola*** Hu in Bull. Fan Mem. Inst. Biol., Bot. 10: 96. 1940. **Isotype:** China. Yunnan: Pingbian, alt. 1 200 m, 1934-07-25, H. T. Tsai 61193 (A).

佛海柯 ***Pasania fohaiensis*** Hu in Bull. Soc. Bot. France 94(7–8): 271. 1947. **Isosyntype:** China. Yunnan: Fo-Hai (= Menghai), alt. 1 200 m, 1936-07-??, C. W. Wang 76124 (A).

灰背叶柯 ***Pasania hypoglauca*** Hu in Bull. Fan Mem. Inst. Biol.: Botany 10: 101. 1940. **Isotype:** China. Yunnan: Lijiang, alt. 2 800 m, 1935-07-??, C. W. Wang 71266 (A).

疏穗柯 ***Pasania lysistachya*** Hu in Acta Phytotax. Sin. 1(1): 117. 1951. **Isotype:** China. Yunnan: Si-chour (=Xichou), alt. 1 000~1 300 m, 1947-10-16, K. M. Feng 12533 (A).

迈氏柯 ***Pasania mairei*** Schott. in Bot. Jahrb. Syst. 47(5): 665. 1912. **Isosyntype:** China. Yunnan: Precise locality not known, E. E. Maire 1204 (A).

亮果柯 ***Pasania nitidinux*** Hu in Acta Phytotax. Sin. 1(1): 115. 1951. **Isotype:** China. Yunnan: Si-chour (=Xichou), alt. 1 500 m, 1947-09-29, K. M. Feng 12103 (A).

杜鹃叶柯 ***Pasania rhododendrophylla*** Hu in Acta Phytotax. Sin. 1(1): 114. 1951. **Isotype:** China. Yunnan: Mar-li-po (=Malipo), alt. 1 600~ 2 000 m, 1947-12-09, K. M. Feng 13720 (A).

浆栎 ***Pasania tomentosinux*** Hu in Acta Phytotax. Sin. 1(1): 114. 1951. **Isotype:** China. Yunnan: Si-chour (=Xichou), Shiangpyng Shan (=Xiangping Shan), alt. 1 500~1 700 m, 1947-08-30, K. M. Feng 11508 (A).

绿柯 ***Pasania viridis*** Schott. in Bot. Jahrb. Syst. 47(5): 668. 1912. **Isosyntype:** China. Yunnan: Mengzi, alt. 1 830 m, A. Henry 9636 (A).

永仁柯 ***Pasania yunjensis*** Hu in Bull. Fan Mem. Inst. Biol.: Botany 10: 103, 111. 1940. **Isotype:** China. Yunnan: Yongren, alt. 1 700 m, 1933-05-23, H. T. Tsai 52882 (A).

岩栎 ***Quercus acrodonta*** Seem. in Bot. Jahrb. Syst. 23(5, Beibl. 57): 48. 1897. **Isosyntype:** China. Hubei: Ichang (=Yichang), 1887-02-??, A. Henry 2954 (GH).

秃栎 ***Quercus aliena*** Bl. var. ***acuteserrata*** Maxim. f. ***calvescens*** Rehd. & Wils. in Sargent, Pl. Wils. 3(2): 215. 1916.

Holotype: China. Hubei: Fang Xian, alt. 915~1 525 m, 1908-10-??, E. H. Wilson 515 (A).

鸡公山栎 ***Quercus aliena*** Bl. var. ***pubipes*** Rehd. in J. Arnold Arbor. 1(2): 136. 1919. **Holotype:** China. Henan: Xinyang, Jigong Shan, alt. 458~763 m, 1917-06-13, L. H. Bailey s. n. (A).

杏叶柯 ***Quercus amygdalifolia*** Skan in J. Linn. Soc., Bot. 26(178): 506. 1899. **Isotype:** China. Taiwan: South Cape, A. Henry 1254 (A).

川滇高山栎 ***Quercus aquifolioides*** Rehd. & Wils. in Sargent, Pl. Wils. 3(2): 222. 1916. **Holotype:** China. Sichuan: Kuan Hsien (=Dujiangyan), alt. 3 660~4 118 m, 1910-10-??, E. H. Wilson 4580 (A).

窄叶青冈 ***Quercus augustinii*** Skan in J. Linn. Soc., Bot. 26(178): 507. 1899. **Isotype:** China. Yunnan: Mengzi, alt. 1 525 m, A. Henry 11430 (A).

腾冲栎 ***Quercus augustinii*** Skan var. ***rockiana*** A. Camus in Bull. Soc. Bot. France 80(5–6): 354. 1933. **Isosyntype:** China. Yunnan: Tengchong, alt. 2 440 m, 1922-11-??, J. F. Rock 7296 (A).

狭叶栎 ***Quercus augustinii*** Skan var. ***angustifolia*** A. Camus in Bull. Soc. Bot. France 80(5–6): 354. 1933. **Isotype:** China. Yunnan: Tengchong, 1922-10-??, J. F. Rock 7050 (A).

槲子栎 ***Quercus baronii*** Skan in J. Linn. Soc., Bot. 26(178): 507. 1899. **Isosyntype:** China. Shaanxi: Precise locality not known, 1897-07-10, G. Giraldi s. n. (A).

栎子青冈 ***Quercus blakei*** Skan in Hooker, Icon. Pl. 27(3): pl. 2662. 1900. **Isotype:** China. Hong Kong: New Territories, alt. 153 m, 1903-??-??, C. Ford s. n. (=Herb. Hong Kong 622) (A).

小叶栎子青冈 ***Quercus blakei*** Skan var. ***parvifolia*** Merr. in Lingnan Sci. J. 5: 60. 1927. **Holotype:** China. Hainan: Enroute from Fan Ya to Yik Tsok Mau, 1922-05-17, F. A. McClure s. n. (=Canton Christian College 9651) (A).

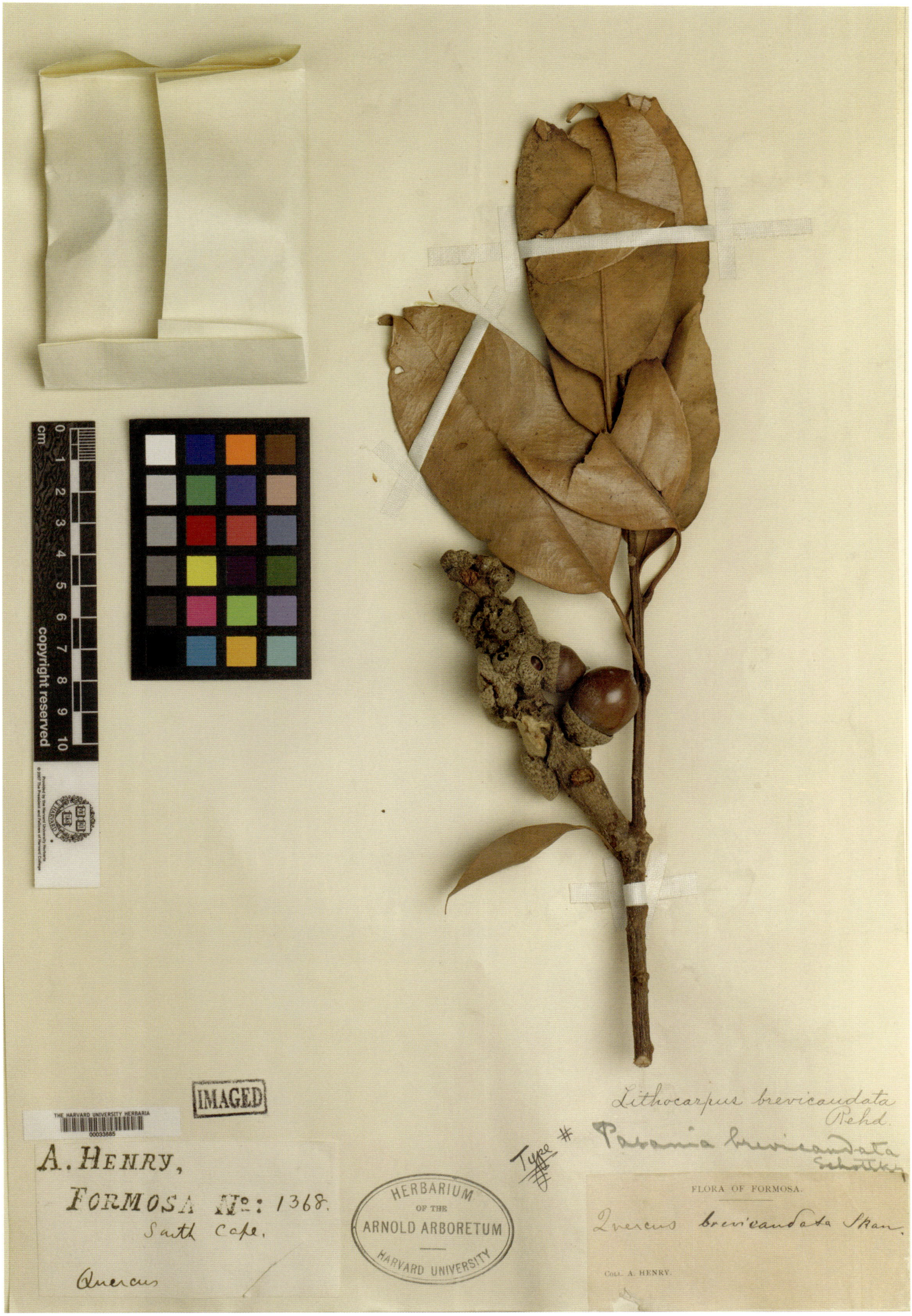

短尾柯 ***Quercus brevicaudata*** Skan in J. Linn. Soc., Bot. 26(178): 508. 1899. **Isotype:** China. Taiwan: South Cape, A. Henry 1368 (A).

褐栎***Quercus brunnea*** Lévl. in Fedde, Repert. Sp. Nov. 12(330–332): 364. 1913. **Isotype:** China. Guizhou: Guiding, Pin-fa, 1905-04-13, J. Cavalerie 2299 (A).

泡栎 ***Quercus bullata*** Seem. in Bot. Jahrb. Syst. 23(5, Beibl. 57): 48. 1897. **Isotype:** China. Hubei: Precise locality not known, (1885-1888)-??-??, A. Henry 5981A (GH).

枹丝锥 ***Quercus calathiformis*** Skan in J. Linn. Soc., Bot. 26(178): 508. 1899. **Isosyntype:** China. Yunnan: Mengzi, alt. 1 525 m, A. Henry 9070B (A).

红心柯 ***Quercus carolinae*** Skan in J. Linn. Soc., Bot. 35(247): 518. 1903. **Isotype:** China. Yunnan: Talang, alt. 1 830 m, A. Henry 13239 (A).

思茅栎 ***Quercus cathayana*** Seem. in Fedde, Repert. Sp. Nov. 3(3–4): 53. 1906. **Isotype:** China. Yunnan: Simao, alt. 1 500 m, A. Henry 12330 (A).

尾叶柯 ***Quercus caudatilimba*** Merr. in Sunyatsenia 2(3–4): 212, pl. 39. 1935. **Holotype:** China. Hainan: Yaichow (= Sanya), alt. 458 m, 1933-03-15, F. C. How 70364 (A).

贵定栎 ***Quercus cavaleriei*** Lévl. & Vant. in Bull. Soc. Bot. France 52: 142. 1905. **Isotype:** China. Guizhou: Guiding, Pin-fa, 1902-07-15, J. Cavalerie 57 (A).

平伐栎 ***Quercus cepifera*** Lévl. in Fedde, Repert. Sp. Nov. 12(330–332): 364. 1913. **Isotype:** China. Guizhou: Guiding, Pin-fa, 1906-01-??, J. Cavalerie 2341 (A).

小叶栎 ***Quercus chenii*** Nakai in J. Arnold Arbor. 5(2): 74. 1924. **Holotype:** China. Zhejiang: Anchi (=Anji), 1920-10-??, Y. Chen s. n. (A).

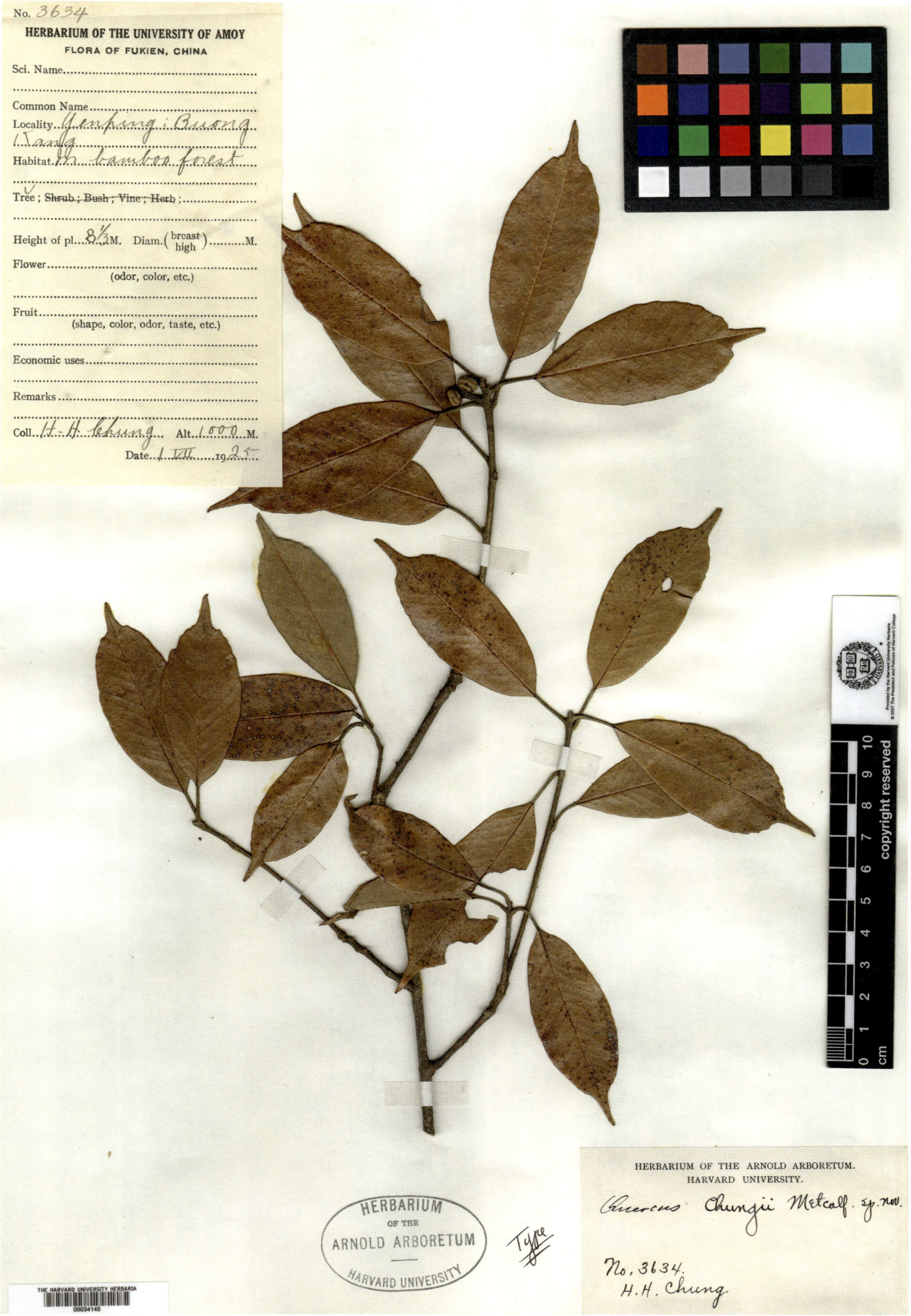

福建青冈 ***Quercus chungii*** Metc. in Lingnan Sci. J. 10(4): 481, fig. p. 491. 1931. **Holotype:** China. Fujian: Yanping, alt. 1 000 m, 1925-07-01, H. H. Chung 3634 (A).

包果柯 ***Quercus cleistocarpa*** Seem. in Bot. Jahrb. Syst. 23(5, Beibl. 57): 52. 1897. **Isotype:** China. Hubei: Precise locality not known, (1885-1888)-??-??, A. Henry 6567 (A).

隐脉栎 ***Quercus cryptoneuron*** Lévl. in Fedde, Repert. Sp. Nov. 12(330–332): 364. 1914. **Isotype:** China. Yunnan: Long-Ky, alt. 700 m, E. E. Maire s. n. (A).

黄毛青冈 ***Quercus delavayi*** Franch. in J. Bot. (Morot) 13(5): 158. 1899. **Isosyntype:** China. Yunnan: Precise locality not known, alt. 2 000 m, 1890-09-04, P. J. M. Delavay 4782 (A).

西康栎 ***Quercus dielsiana*** Seem. in Bot. Jahrb. Syst. 29(2): 291, f. 2. 1900. **Isotype:** China. Sichuan: Wei Kuan, C. Bock & A. v. Rosthorn 2533 (A).

华南青冈 ***Quercus edithae*** Skan in Hooker, Icon. Pl. 27(3): pl. 2661. 1900. **Isotype:** China. Hong Kong: New Territories, alt. 153 m, 1899-06-29, C. Ford s. n. (=Herb. Hong Kong 623) (A).

厚斗柯 ***Quercus elizabethiae*** Tutch. in J. Bot. 49: 273. 1911. **Isosyntype:** China. Hong Kong: New Territories, 1910-06-09, W. J. Tutcher s. n. (=Herb. Hong Kong 9114) (A).

巴东栎 ***Quercus engleriana*** Seem. in Bot. Jahrb. Syst. 23(5, Beibl. 57): 47. 1897. **Isosyntype:** China. Sichuan: Precise locality not known, (1885-1888)-??-??, A. Henry 5682A (GH).

闽栎 ***Quercus fokiensis*** Nakai in J. Arnold Arbor. 5(2): 75. 1924. **Holotype:** China. Fujian: Precise locality not known, 1905-06-??, S. T. Dunn s. n. (=Hong Kong Herb. 3482) (A).

密脉柯 ***Quercus fordiana*** Hemsl. in Hook. Ic. Pl. 27: t. 2664. 1901. **Isosyntype:** China. Yunnan: Simao, alt. 1 525 m, A. Henry 12054C (A).

锥连栎 ***Quercus franchetii*** Skan in J. Linn. Soc., Bot. 26(178): 513. 1899. **Isosyntype:** China. Yunnan: Mengzi, alt. 1 830 m, A. Henry 9298 (A).

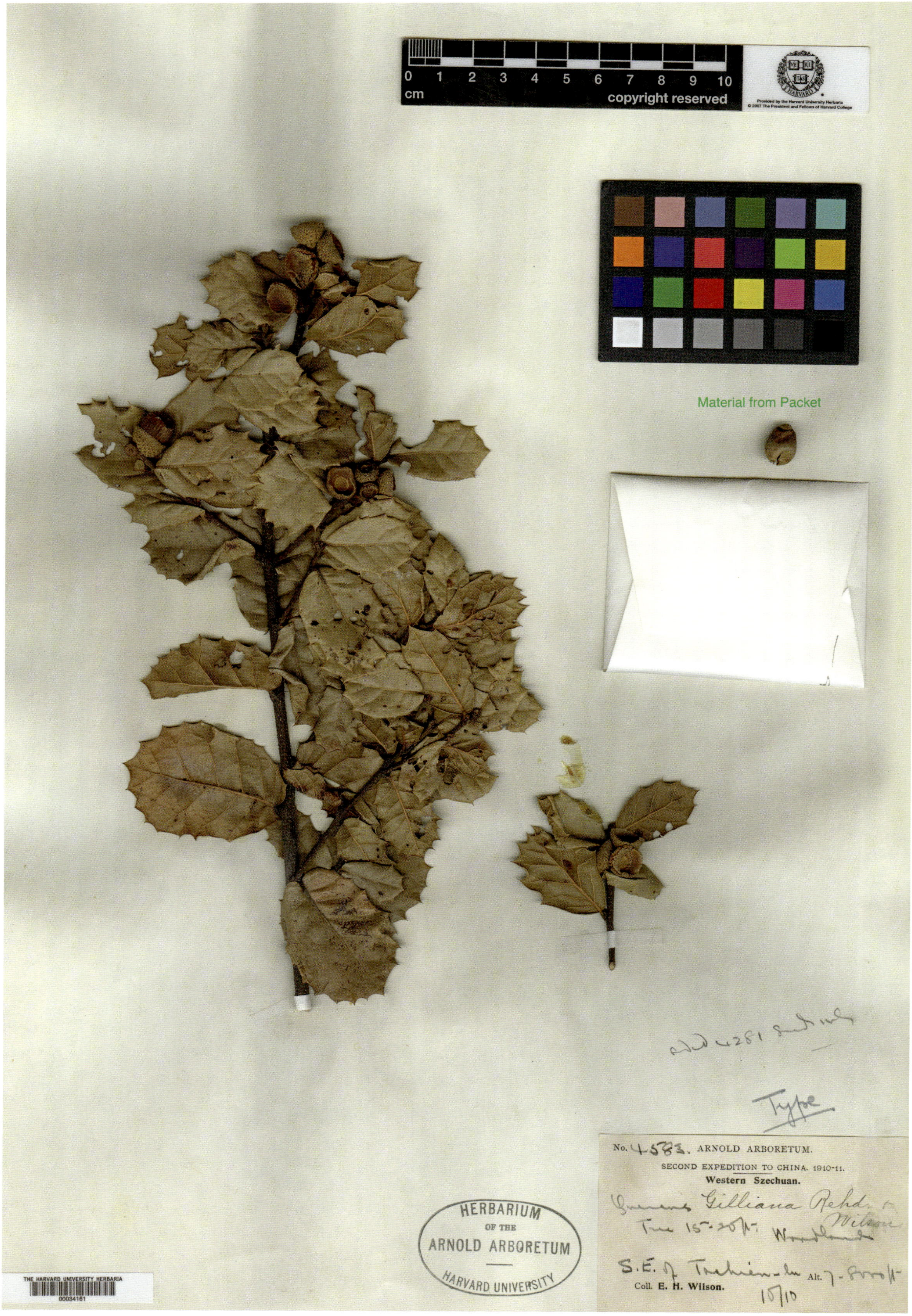

川西栎 ***Quercus gilliana*** Rehd. & Wils. in Sargent, Pl. Wils. 3(2): 223. 1916. **Holotype:** China. Sichuan: Tachien-lu (=Kangding), alt. 2 135~2 440 m, 1910-10-??, E. H. Wilson 4583 (A).

细叶青冈 ***Quercus glauca*** Thunb. f. ***gracilis*** Rehd. & Wils. in Sargent, Pl. Wils. 3(2): 228. 1916. **Holotype:** China. Hubei: Badong, alt. 1 373 m, 1907-11-??, E. H. Wilson 687 (A).

硬壳柯 ***Quercus hancei*** Benth. Fl. Hongkong. 322. 1861. **Isosyntype:** China. Hong Kong, 1863-??-??, Herb. H. F. Hance 1525 (GH).

硬壳柯 ***Quercus hancei*** Benth. Fl. Hongkong. 322. 1861. **Isosyntype:** China. Hong Kong, C. Wilford s. n. (GH).

海氏栎 ***Quercus handeliana*** A. Camus in Bull. Soc. Bot. France 80: 355. 1933. **Isosyntype:** China. Yunnan: Lijiang, alt. 2 700 m, 1915-08-25, H. R. E. Handel-Mazzetti 7776 (A).

港柯 ***Quercus harlandii*** Hance ex Walp. in Ann. Bot. Syst. 3: 382. 1852. **Isotype:** China. Hong Kong, Herb. H. F. Hance 3420 (GH).

全缘叶栎 ***Quercus harlandii*** Hance ex Walp. var. ***integrifolia*** Dunn in J. Linn. Soc., Bot. 38(267): 366. 1908. **Isotype:** China. Fujian: Yanping, 1905-06-??, S. T. Dunn s. n. (= Hong Kong Herb. 3492) (A).

灰柯 ***Quercus henryi*** Seem. in Bot. Jahrb. Syst. 23(5, Beibl. 57): 50. 1897. **Isosyntype:** China. Sichuan: Precise locality not known, (1885-1888)-??-??, A. Henry 7030 (A).

雷公青冈 ***Quercus hui*** Chun in J. Arnold Arbor. 9(2–3): 126. 1928. **Syntype:** China. Guangdong: North River Region, road from Cheng-kou to Pan Ling Tsze, 1927-12-24, W. Y. Chun 5868 (A).

湘栎 ***Quercus hunanensis*** Hand.-Mazz., Symb. Sin. 7(1): 52, pl. 2, f. 3. 1929. **Isotype:** China. Hunan: Wugang, alt. 300 m, 1918-06-02, H. R. E. Handel-Mazzetti 503 (= 11988) (A).

南岛椆 ***Quercus insularis*** Chun & P. C. Tam in Acta Phytotax. Sin. 10(3): 208.1965. **Isotype:** China. Hainan: Wanning, 1936-11-26, S. K. Lau 28248 (A).

鼠刺叶柯 ***Quercus iteaphylla*** Hance in J. Bot. 22(8): 229. 1884. **Isotype:** China. Hong Kong: Wong Nei Chung, 1882-05-??, C. Ford. s. n. (A).

广西青冈 ***Quercus kouangsiensis*** A. Camus in Bull. Soc. Bot. France 84(3–4): 176. 1937. **Isotype:** China. Guangxi: Sanjiang, 300 m, 1933-09-06, A. N. Steward & H. C. Cheo 966 (A).

南方栎*Quercus meridionalis* Liou in Contr. Inst. Bot. Natl. Acad. Peiping 4(1): 21, pl. 10. 1936. **Isosyntype:** China. Zhejiang: Zhuji, 1933-08-18, S. S. Chen 1799 (A).

木里栎 ***Quercus muliensis*** Hu in Acta Phytotax. Sin. 1(2): 146. 1951. **Isotype:** China. Sichuan: Muli, alt. 2 500 m, 1937-07-05, T. T. Yu 7254 (A).

毛果青冈 ***Quercus pachyloma*** Seem. in Bot. Jahrb. Syst. 23(5, Beibl. 57): 54. 1897. **Isotype:** China. Futschau, Berg Kushan, 1887-12-??, O. Warburg 5835 (A).

黄背栎 ***Quercus pannosa*** Hand.-Mazz. Symb. Sin. 7(1): 35. 1929. **Isosyntype:** China. Yunnan: Lijiang, alt. 3 000 m, 1914-07-18, C. Schneider 3444 (A).

托盘青冈 ***Quercus patelliformis*** Chun in J. Arnold Arbor. 28(2): 241. 1947. **Isotype:** China. Hainan: Sanya, Nan-Lin, 1933-10-16, C. Wang 34658 (A).

亮叶青冈 ***Quercus phanera*** Chun in J. Arnold Arbor. 28(2): 242. 1947. **Isotype:** China. Hainan: Heng-Po-Po, 1934-02-21, H. Y. Liang 65095 (A).

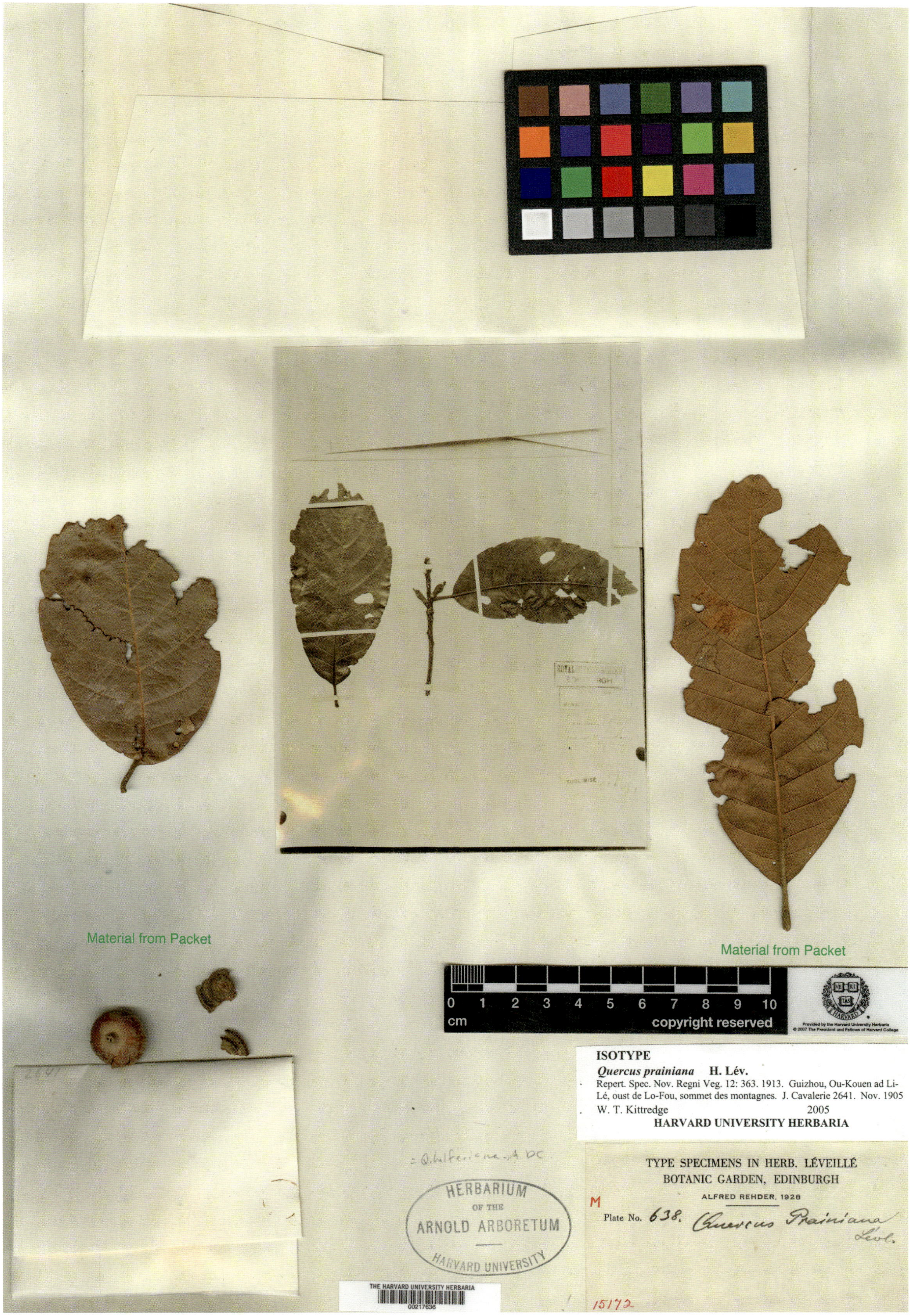

罗甸栎 ***Quercus prainiana*** Lévl. in Fedde, Repert. Sp. Nov. 12(330–332): 363. 1913. **Isotype:** China. Guizhou: Lo-Fou (=Luodian), 1905-11-??, J. Cavalerie 2641 (A).

毛脉高山栎 ***Quercus rehderiana*** Hand.-Mazz. in Anz. Akad. Wiss. Wien, Math.-Nat. Kl. 62: 129. 1925. **Isosyntype:** China. Sichuan: Yanyuan, alt. 2 800~2 950 m, 1914-06-03, H. R. E. Handel-Mazzetti 2822 (A).

大果青冈 ***Quercus rex*** Hemsl. in Hooker, Icon. Pl. 27(3): pl. 2663. 1900. **Isotype:** China. Yunnan: Simao, alt. 1 220 m, A. Henry 12665 (A).

大果青冈 ***Quercus rex*** Hemsl. in Hooker, Icon. Pl. 27(3): pl. 2663. 1900. **Isotype:** China. Yunnan: Simao, alt. 1 220 m, A. Henry 12665 (A).

灰背栎 ***Quercus senescens*** Hand.-Mazz. Symb. Sin. 7(1): 37. 1929. **Isosyntype:** China. Yunnan: Mont de Che-kia, alt. 2 600 m, E. E. Maire 524 (A).

灰背栎 ***Quercus senescens*** Hand.-Mazz. Symb. Sin. 7(1): 37. 1929. **Isosyntype:** China. Sichuan: Muli, alt. 3 050~3 355 m, 1922-09-??, G. Forrest 22462 (A).

三脉栎 ***Quercus trinervis*** Lévl. in Fedde, Repert. Sp. Nov. 12(330–332): 364. 1913.**Isotype:** China. Guizhou: Guiding, Pin-fa, 1908-08-20, J. Cavalerie 3275 (A).

麻子壳柯 ***Quercus variolosa*** Franch. in J. Bot. (Morot) 13(5): 156. 1899. **Isosyntype:** China. Yunnan: Precise locality not known, alt. 2 500 m, 1889-04-06, P. J. M. Delavay 3395 (A).

榆科
Ulmaceae

黑弹树 ***Celtis bungeana*** Bl. in Mus. Bot. Lugd.-Bat. 2: 71. 1852. **Isotype:** China. Northern China, Precise locality not known, China borealis, Anonymous s. n. (= Herb. Bung s. n.) (GH).

珊瑚朴 ***Celtis julianae*** Schneid. in Sargent, Pl. Wils. 3(2): 265. 1916. **Holotype:** China. Hubei: Badong, alt. 915~1 068 m, 1907-11-??, E. H. Wilson 635 (A).

秃朴 ***Celtis julianae*** Schneid. var. ***calvescens*** Schneid. in Sargent, Pl. Wils. 3(2): 266. 1916. **Holotype:** China. Sichuan: Ching Chi (=Hanyuan), alt. 1 128 m,1908-10-??, E. H. Wilson 1305 (A).

多变朴 ***Celtis labilis*** Schneid. in Sargent, Pl. Wils. 3(2): 267. 1916. **Holotype:** China. Hubei: Changyang, alt. 915~1 220 m, 1907-10-??, E. H. Wilson 444 (A).

全缘朴 ***Celtis leveillei*** Nakai var. ***holophylla*** Nakai in J. Arnold Arbor. 5(2): 74. 1924. **Holotype:** China. Hubei: Ichang =(Yichang), E. H. Wilson 249 (A).

丽江朴 ***Celtis rockii*** Rehd. in J. Arnold Arbor. 14(3): 199. 1933. **Holotype:** China. Yunnan: Lijiang, 1923-??-??, J. F. Rock 10522 (A).

红河朴 ***Celtis salvatiana*** Schneid. in Sargent, Pl. Wils. 3(2): 283. 1916. **Isotype:** China. Yunnan: Red River bank, Manpan, 19??-10-10, A. Henry 10848 (A).

西川朴 ***Celtis vandervoetiana*** Schneid. in Sargent, Pl. Wils. 3(2): 267. 1916. **Holotype:** China. Sichuan: Yung Yang (=Yunyang), alt. 1 220 m, 1908-08-08, E. H. Wilson 2320 (A).

华白颜树 ***Gironniera chinensis*** Benth. Fl. Hongkong. 325. 1861. **Isosyntype:** China. Hong Kong: Mount Gough, C. Wilford s. n. (GH).

云南白颜树 *Gironniera yunnanensis* Hu in Bull. Fan Mem. Inst. Biol., Bot. 10: 150. 1940. **Holotype:** China. Yunnan: Che-li (=Jinghong), alt. 1 100 m, 1936-10-??, C. W. Wang 79307 (A).

短毛翼朴 ***Pteroceltis tatarinowii*** Maxim. var. ***pubescens*** Hand.-Mazz. in Sinensia 2(11): 133. 1932. **Isotype:** China. Guizhou: Pingchow, alt. 350 m, 1930-09-15, Y. Tsiang 7143 (A).

山油麻 ***Trema dielsiana*** Hand.-Mazz. Symb. Sin. 7(1): 106. 1929. **Isosyntype:** China. Jiangxi: Lu Shan, Kuling, alt. 915 m, 1907-08-01, E. H. Wilson 1586 (A).

黔山黄麻 ***Trema dunniana*** Lévl. in Fedde, Repert. Sp. Nov. 10(243–247): 146. 1911. **Isotype:** China. Guizhou: Precise locality not known, 1906-06-??, J. H. Esquirol 871 (A).

羽脉山黄麻 ***Trema levigata*** Hand.-Mazz. Symb. Sin. 7(1): 107. 1929. **Isosyntype:** China. Yunnan: Kunming, alt. 1 050~1 350 m, 1914-09-10, H. R. E. Handel-Mazzetti 5042 (A).

兴山榆 ***Ulmus bergmanniana*** Schneid. Ill. Handb. Laubholzk. 2: 902, f. 565a–b, 566a–b. 1912. **Isosyntype:** China. Hubei: Xingshan, 1901-05-??, E. H. Wilson 1855 (A).

蜀榆 ***Ulmus bergmanniana*** Schneid. var. ***lasiophylla*** Schneid. in Sargent, Pl. Wils. 3(2): 241. 1916. **Holotype:** China. Sichuan: Ebian, Wa Shan, alt. 2 288 m, 1908-07-??, E. H. Wilson 820 (A).

栗叶榆 ***Ulmus castaneifolia*** Hemsl. in J. Linn. Soc., Bot. 26(177): 446, pl. 10. 1894. **Isosyntype:** China. Hubei: Changyang, (1885-1888)-??-??, A. Henry 7780 (GH).

毛果旱榆 ***Ulmus glaucescens*** Franch. var. ***lasiocarpa*** Rehd. in J. Arnold Arbor. 11(3): 157. 1930. **Holotype:** China. Gansu: Helan Shan, alt. 1 375~2 400 m, 1923-05-(10-25), R. C. Ching 160 (A).

多脉榆 ***Ulmus multinervis*** W. C. Cheng in J. Nanjing Forest. Coll. 1(1): 73. 1958. **Isosyntype:** China. Hubei: Lichuan, 1948-10-07, W. C. Cheng & C. T. Hwa 1130 (A).

李叶榆 ***Ulmus prunifolia*** W. C. Cheng in Acta Phytotax. Sin. 17(1): 48, f. 2:1-4. 1979. **Isotype:** China. Hubei: Lichuan, 1948-??-??, C. T. Hwa 549 (A).

疏毛榆 ***Ulmus pumila*** L. var. ***pilosa*** Rehd. in J. Arnold Arbor. 1(2): 141. 1919. **Holotype:** China. Yunnan: Dayao, 1916-05-07, Siméon Tén 89 (A).

长阳榆 *Ulmus wilsoniana* Schneid. Ill. Handb. Laubholzk. 2: 904, f. 565e, 566c–d. 1912. **Isotype:** China. Hubei: Changyang, 1900-05-??, E. H. Wilson 677 (A).

裸叶榆 ***Ulmus wilsoniana*** Schneid. var. ***psilophylla*** Schneid. in Sargent, Pl. Wils. 3(2): 239. 1916. **Holotype:** China. Hubei: Fang Xian, alt. 1 220~1 525 m, 1907-05-21, E. H. Wilson 2803 (A).

大果榉 ***Zelkova sinica*** Schneid. in Sargent, Pl. Wils. 3(2): 286. 1916. **Holotype:** China. Hubei: Hsing-shan (=Xingshan), alt. 915 m, 1907-10-??, E. H. Wilson 2699 (A).

南榉 ***Zelkova sinica*** Schneid. var. ***australis*** Hand.-Mazz. in Sinensia 2(11): 133. 1932. **Isotype:** China. Guizhou: Pingchow (=Pingtang), alt. 250 m, 1930-09-17, Y. Tsiang 7190 (A).

马尾树科

Rhoipteleaceae

马尾树 ***Rhoiptelea chiliantha*** Diels & Hand.-Mazz. in Fedde, Repert Sp. Nov. 30(791–798): 77, pl. 127 & 128. 1932. **Isotype:** China. Guizhou: Dushan, alt. 600 m, 1930-08-22, Y. Tsiang 6568 (A).

桑科
Moraceae

短绢毛波罗蜜 ***Artocarpus brevisericea*** C.Y. Wu & W. T. Wang in Acta Phytotax. Sin. 6(3): 273, pl. 55, f. 22. 1957. **Isotype:** China. Yunnan: Jinping, alt. 1 900 m, 1956-05-12, Exped. Biol. Sino-Ross. 1196 (A).

榕叶波罗蜜 ***Artocarpus ficifolia*** W.T. Wang in Acta Phytotax. Sin. 6(3): 274, pl. 55, f. 23. 1957. **Isotype:** China. Yunnan: Mengla, alt. 350 m, 1956-04-16, Exped. Biol. Sino-Ross. 676 (A).

白桂木 ***Artocarpus hypargyrea*** Hance in Benth. Fl. Hongkong. 325. 1861. **Isotype:** China. Hong Kong, H. F. Hance s. n. (GH).

云南波罗蜜 ***Artocarpus yunnanensis*** Hu in Bull. Fan Mem. Inst. Biol., Bot. 8: 32. 1937. **Isotype:** China. Yunnan: Fo-hai (=Menghai), alt. 1 400 m, 1936-06-??, C. W. Wang 77078 (A).

刺果榕 ***Ficus acanthocarpa*** Lévl. & Vant. in Fedde, Repert. Sp. Nov. 4(57–58): 65. 1907. **Isotype:** China. Guizhou: Pin-fa (= Guiding), 1905-09-24, J. Cavalerie 2519 (A).

罗甸榕 ***Ficus blinii*** Lévl. & Vant. in Fedde, Repert. Sp. Nov. 8(191–195): 550. 1910. **Isotype:** China. Guizhou: Lo-Fou (=Luodian), 1909-03-??, J. Cavalerie 3595 (A).

港榕 ***Ficus bodinieri*** Lévl. & Vant. Mem. Real Acad. Ci. Artes Barcelona 6: 147. 1907. **Isosyntype:** China. Hong Kong, 1898-06-05, E. M. Bodinier 563 (A).

滇榕 ***Ficus bonatii*** Lévl. in Fedde, Repert. Sp. Nov. 6(107–112): 112. 1908. **Isotype:** China. Yunnan: Tchong-Chan, 1905-08-18, F. Ducloux 732 (A).

广东榕 ***Ficus cantoniensis*** Lévl. & Vant. Mem. Real Acad. Ci. Artes Barcelona 6: 148. 1907. **Isotype:** China. Hong Kong, 1895-07-07, E. M. Bodinier 1253 (A).

贵定榕 ***Ficus cavaleriei*** Lévl. & Vant. in Fedde, Repert. Sp. Nov. 4(57–58): 83. 1907. **Isotype:** China. Guizhou: Pin-fa (= Guiding), 1902-08-21, J. Cavalerie 244 (A).

罗斛榕 ***Ficus fecundissima*** Lévl. & Vant. in Fedde, Repert. Sp. Nov. 9(196–198): 19. 1910. **Isotype:** China. Guizhou: Lo-Fou (=Luodian), 1909-03-??, J. Cavalerie 3588 (A).

费得榕 ***Ficus feddei*** Lévl. & Vant. in Fedde, Repert. Sp. Nov. 9(196–198): 19. 1910. **Isotype:** China. Guizhou: Lo-Fou (=Luodian), 1908-10-??, J. Cavalerie 3634 (A).

台湾榕 ***Ficus formosana*** Maxim. in Bull. Acad. Imp. Sci. St.-Petersb., ser. 3, 27: 546. 1882. **Isosyntype:** China. Taiwan: Taipei, Tamsuy, 1864-??-??, R. Oldham 551 (A).

黔榕 ***Ficus fortunati*** Lévl. & Vant. in Fedde, Repert. Sp. Nov. 4(57–58): 66. 1907. **Isotype:** China. Guizhou: Precise locality not known, 1095-06-??, J. Esquirol 477 (A).

水同木 ***Ficus harlandii*** Benth. Fl. Hongk. 330. 1861. **Isosyntype:** China. Hong Kong, 1853-??-??, C. Wright 502 (GH).

尖叶榕 ***Ficus henryi*** Warb. in Bot. Jahrb. Syst. 29(2): 299. 1900. **Isosyntype:** China. Hubei: Ichang (=Yichang), A. Henry 4261 (A).

异叶榕 ***Ficus heteromorpha*** Hemsl. Icon. Pl. 26, pl. 2533 & 2534. 1897. **Isosyntype:** China. Hubei: Precise locality not known, (1885-1888)-??-??, A. Henry 3965 (GH).

异叶榕 ***Ficus heteromorpha*** Hemsl. Icon. Pl. 26, pl. 2533 & 2534. 1897. **Isosyntype:** China. Hubei: Precise locality not known, (1885-1888)-??-??, A. Henry 7443 (GH).

侯氏榕 ***Ficus howii*** Merr. & Chun in Sunyatsenia 5(1–3): 43. 1940. **Holotype:** China. Hainan: Baoting, alt. 885 m, 1935-06-18, F. C. How 72944 (A).

粉背榕***Ficus hypoleucogramma*** Lévl. & Vant. in Fedde, Repert. Sp. Nov. 4(57–58): 65. 1907. **Isotype:** China. Guizhou: Precise locality not known, J. Esquirol 597 (A).

家氏榕 ***Ficus jaminii*** Lévl. & Vant. in Fedde, Repert. Sp. Nov. 8(191–195): 550. 1910. **Isotype:** China. Guizhou: Lo-Fou (=Luodian), 1909-08-??, J. Cavalerie 3601 (A).

泪榕 ***Ficus lacrymans*** Lévl., Fl. Kouy-Tchéou 431. 1915. **Isotype:** China. Guizhou: Ta tin (= Dafang), alt. 900 m, 1913-04-12, J. H. Esquirol 3573 (A).

勒氏榕 ***Ficus letaqui*** Lévl. & Vant. in Fedde, Repert. Sp. Nov. 8(191–195): 550. 1910. **Isotype:** China. Guizhou: Lo-Fou (=Luodian), 1909-03-??, J. Cavalerie 3599 (A).

长柄竹叶榕 ***Ficus macropodocarpa*** Lévl. & Vant. in Fedde, Repert. Sp. Nov. 4(57–58): 66. 1907. **Isotype:** China. Guizhou: Precise locality not known, J. H. Esquirol 838 (A).

麦氏榕 ***Ficus mairei*** Lévl. in Fedde, Repert. Sp. Nov. 12(341–345): 535. 1913. **Isotype:** China. Yunnan: Vallée de Long-Ky, alt. 700 m, 1911-08-??, E. E. Maire s. n. (A).

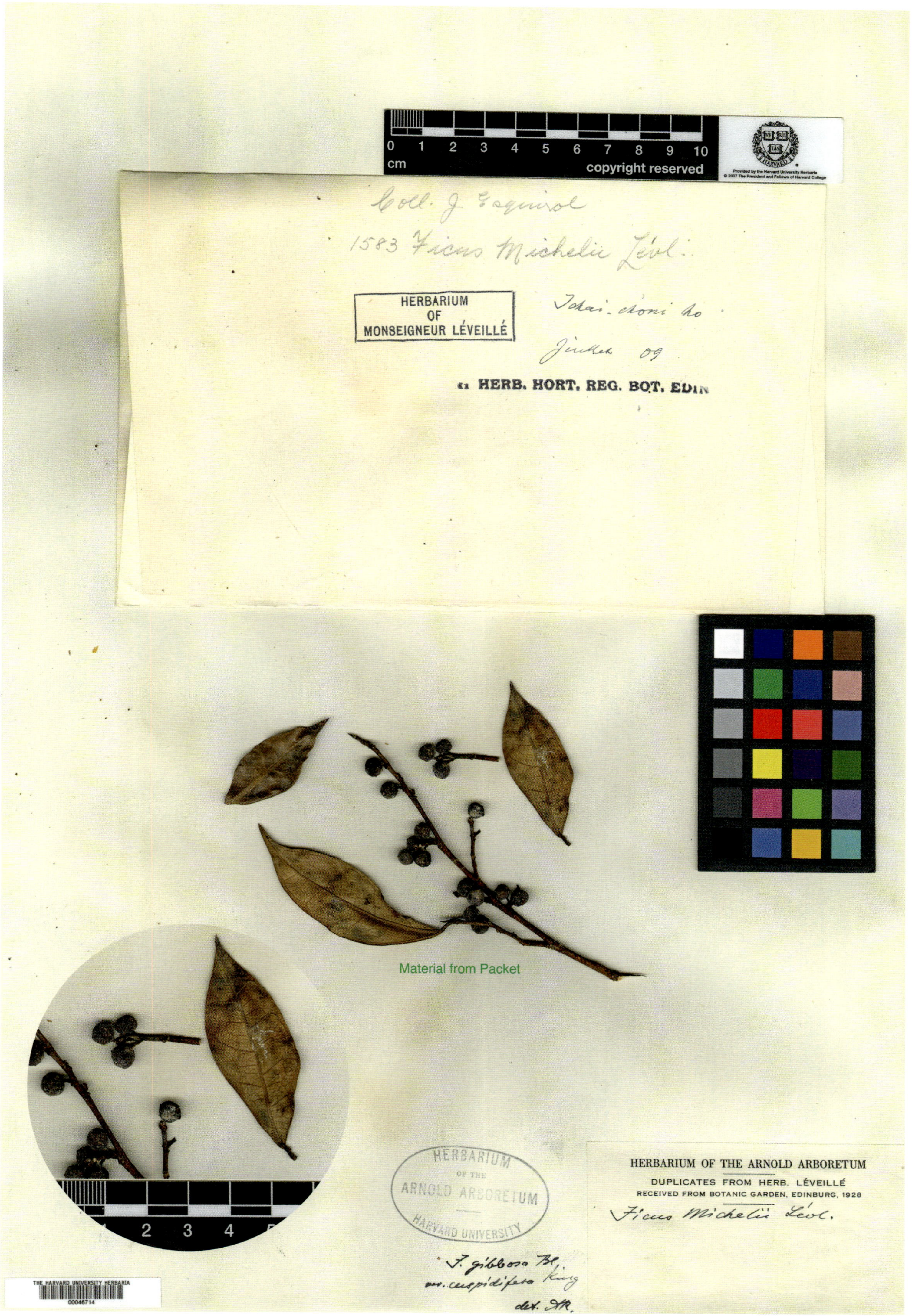

米氏榕 ***Ficus michelii*** Lévl. in Fedde, Repert. Sp. Nov. 8(160–162): 61. 1910. **Isotype:** China. Guizhou: Tchai Choui Ho, 1909-07-??, J. H. Esquirol 1583 (A).

讷氏榕 ***Ficus nerium*** Lévl. & Vant. in Fedde, Repert. Sp. Nov. 4(57–58): 66. 1907. **Isotype:** China. Guizhou: Precise locality not known, J. H. Esquirol s. n. (A).

直脉榕 ***Ficus orthoneura*** Lévl. & Vant. in Fedde, Repert. Sp. Nov. 4(57–58): 66. 1907. **Isotype:** China. Guizhou: Precise locality not known, 1904-06-06, J. Cavalerie 2050 (A).

掌裂榕 ***Ficus palmatiloba*** Merr. in Philipp. J. Sci. 21(4): 340. 1922. **Isotype:** China. Hainan: Nodoa (=Danzhou), Lin Fa Ling, alt. 250 m, 1921-11-03, F. A. McClure s. n. (=Canton Christian College 8066) (A).

朴氏榕 ***Ficus porteri*** Lévl. & Vant. in Fedde, Repert. Sp. Nov. 8(191–195): 550. 1910. **Isotype:** China. Guizhou: Lo-Fou (=Luodian), 1909-03-??, J. Cavalerie 3594 (A).

保亭榕 ***Ficus potingensis*** Merr. & Chun in Sunyatsenia 5(1–3): 42. 1940. **Holotype:** China. Hainan: Baoting, alt. 450 m, 1935-05-20, F. C. How 72500 (A).

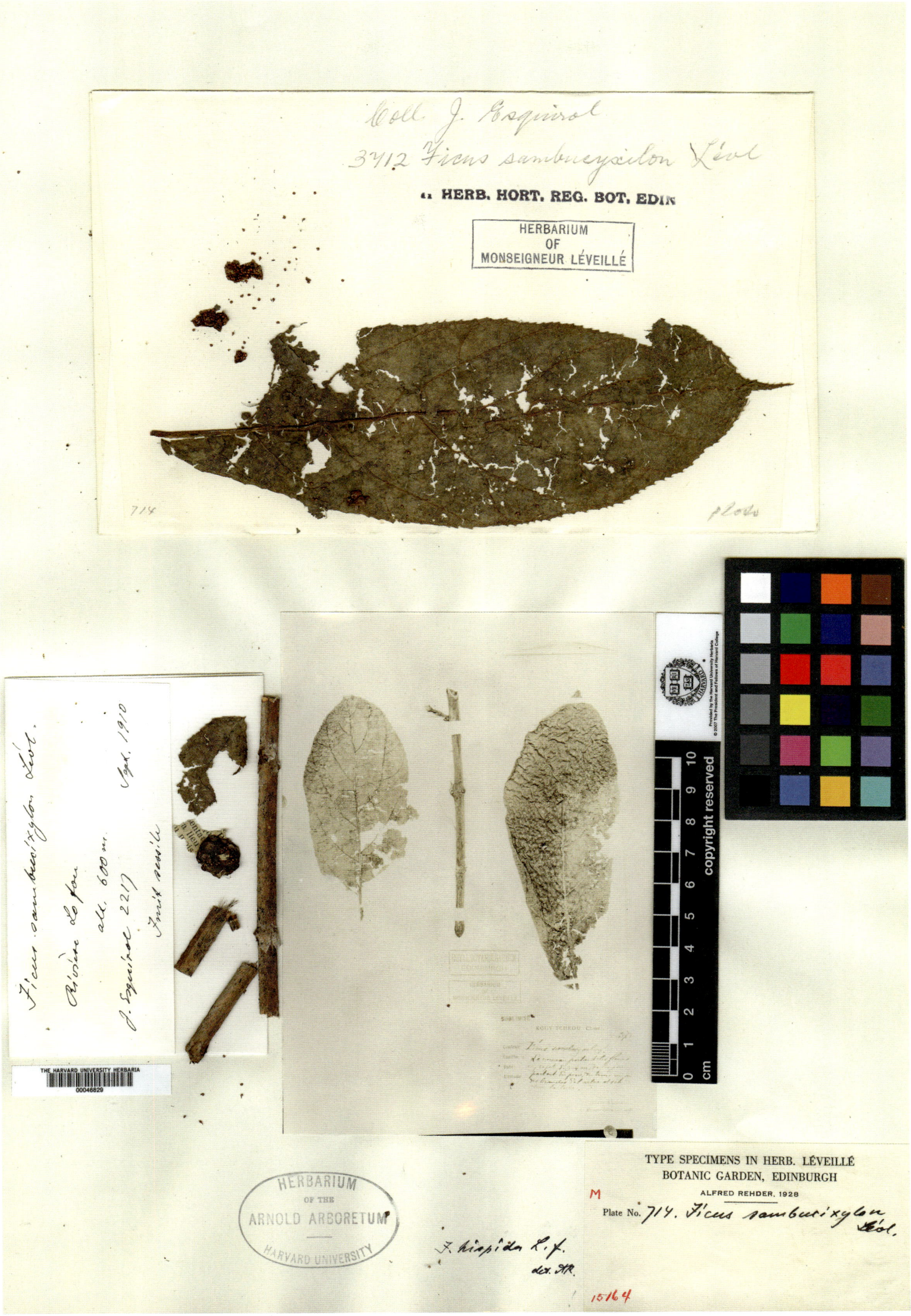

接骨木榕 ***Ficus sambucixylon*** Lévl. in Fedde, Repert. Sp. Nov. 9(222–226): 444. 1911. **Isotype:** China. Guizhou: Lo-Fou (=Luodian), alt. 600 m, 1910-09-??, J. H. Esquirol 2217 (A).

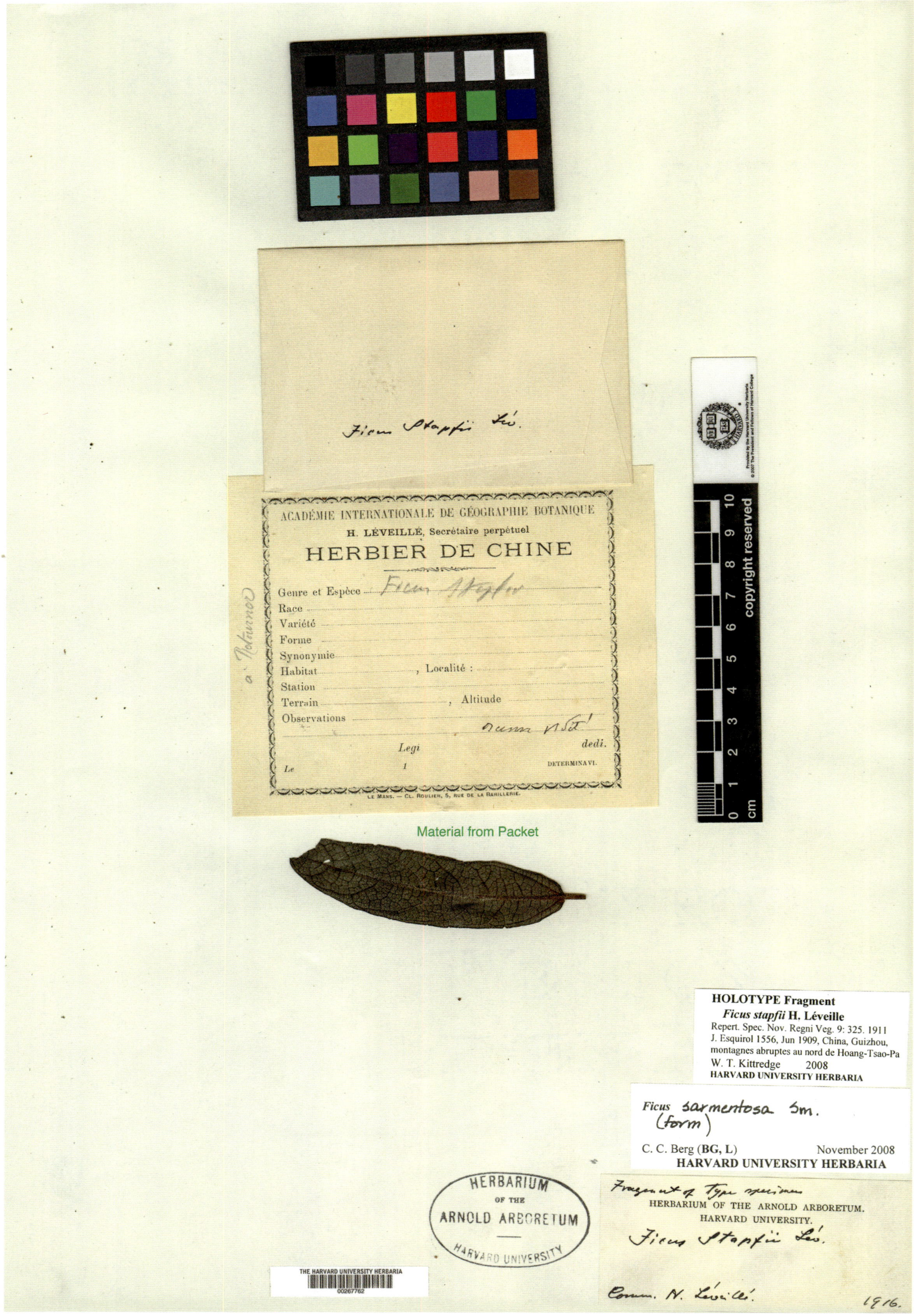

兴义榕 ***Ficus stapfii*** Lévl. in Fedde, Repert. Sp. Nov. 9(214–216): 325. 1911. **Isotype:** China. Guizhou: Hoang-Tsao-Pa (=Xingyi), 1909-06-??, J. H. Esquirol 1556 (A).

竹叶榕 ***Ficus stenophylla*** Hemsl. in Hooker, Icon. Pl. 26(2): pl. 2536. 1897. **Isosyntype:** China. Hubei: Yichang, 1888-05-??, A. Henry 4350 (GH).

啮齿榕 ***Ficus suberosa*** Lévl. & Vant. in Fedde, Repert. Sp. Nov. 8(191–195): 549. 1910. **Isotype:** China. Guizhou: Lo-Fou (=Luodian), 1909-03-??, J. Cavalerie 3597 (A).

地果 ***Ficus tikoua*** Bur. in J. Bot. (Morot) 2: 213, pl. 7. 1888. **Isosyntype:** China. Yunnan: Precise locality not known, P. J. M. Delavay s. n. (= Herb. E. Drake 2666) (A).

毛柄榕 ***Ficus trichopoda*** Lévl. in Fedde, Repert. Sp. Nov. 12(341–345): 538. 1913. **Isotype:** China. Guizhou: Gan chouen (= Anshun), 1912-??-??, J. Cavalerie 3968 (A).

岩木瓜 ***Ficus tsiangii*** Merr. ex Corner in Gard. Bull. Singapore 18(1): 25. 1960. **Isotype:** China. Guizhou: Chengfeng (= Zhenfeng), 1930-10-22, Y. Tsiang 4315 (A).

越橘叶蔓榕 ***Ficus vaccinioides*** Hemsl. & King in Ann. Royal Bot. Garden. Calcutta 1(2): 126, f. 159A. 1888. **Isotype:** China. Taiwan: Precise locality not known, 1864-??-??, R. Oldham 535 (GH).

滇葎草 ***Humulus yunnanensis*** E. Small in Bull. Fan Mem. Inst. Biol. 7: 211. 1936. **Isotype:** China. Yunnan: Lanping, alt. 2 800 m, 1933-10-26, H. T. Tsai 56272 (A).

龙里桑 ***Morus cavaleriei*** Lévl. in Fedde, Repert. Sp. Nov. 10(243–247): 146. 1911. **Isotype:** China. Guizhou: Ma-Jo (=Longli), 1908-04-20, J. Cavalerie 3283 (A).

老口桑 *Morus inusitata* Lévl. in Fedde, Repert. Sp. Nov. 13(363–367): 265. 1914. **Isotype:** China. Yunnan: La Kou, alt. 2 400 m, 1912-03-??, E. E. Maire s. n. (A).

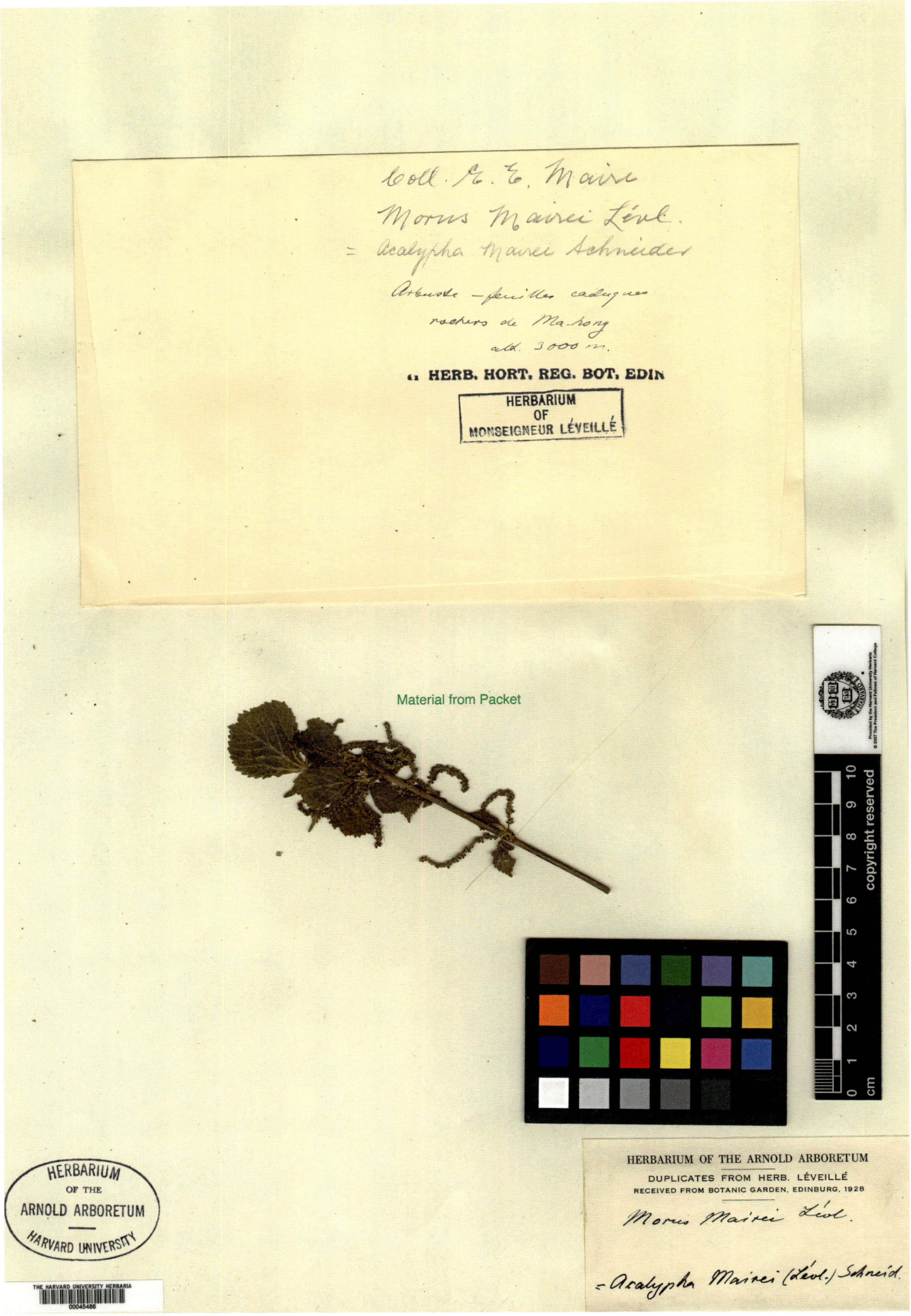

迈氏桑 ***Morus mairei*** Lévl. in Fedde, Repert. Sp. Nov. 13(363–367): 265. 1914. **Isosyntype:** China. Yunnan: Ma-hong, alt. 3 000 m, 1912-06-??, E. E. Maire s. n. (A).

包桑 ***Morus mongolica*** Schneid. var. ***vestita*** Rehd. in J. Arnold Arbor. 1(2): 142. 1919. **Holotype:** China. Yunnan: Dayao, Pe yen tsin, 1917-04-20, Siméon Tén 321 (A).

川桑 ***Morus notabilis*** Schneid. in Sargent, Pl. Wils. 3(2): 293. 1916. **Holotype:** China. Sichuan: Hung-ya (= Hongya), alt. 1 828 m, 1908-09-14, E. H. Wilson 919 (A).

云南桑 ***Morus yunnanensis*** Koidz. Fl. Symb. Orien.-Asia. 89. 1930. **Isoparatype:** China. Yunnan: Dêqên, alt. 3 660~3 965 m, 1921-09-??, G. Forrest 20127 (A).

桂木构 ***Smithiodendron artocarpioideum*** Hu in Sunyatsenia 3(2–3): 107, pl. 6. 1936. **Holotype:** China. Yunnan: Shiping, alt. 1 500 m, 1933-05-29, H. T. Tsai 53462 (A).

荨麻科

Urticaceae

菱叶雾水葛 ***Boehmeria delavayi*** Gagnep. in Not. Syst. 4(4–5): 126. 1928. **Isosyntype:** China. Yunnan: Heqing, Ta-pin-tze, P. J. M. Delavay 876 (A).

细野麻 ***Boehmeria gracilis*** C. H. Wright in J. Linn. Soc., Bot. 26(178): 485. 1899. **Isosyntype:** China. Hubei: Badong, (1885-1888)-??-??, A. Henry 4692 (GH).

倒卵叶紫麻*Debregeasia obovata* C. H. Wright in J. Linn. Soc., Bot. 26(178): 492. 1899. **Isosyntype:** China. Yunnan: Mengzi, alt. 1 525 m, A. Henry 11254 (A).

小刺紫麻*Debregeasia spiculifera* Merr. in Philipp. J. Sci. 21(4): 341. 1922. **Isotype:** China. Hainan: Wuzhishan, Wuzhi Shan, alt. 900 m, 1921-12-22, F. A. McClure s. n. (=Canton Christian College 8501) (A).

翅苞楼梯草 ***Elatostema aliferum*** W. T. Wang in Bull. Bot. Lab. of North-East. Forest. Inst. 7: 57, pl. 2, f. 7. 1980. **Isotype:** China. Yunnan: Shunning (=Fengqing), alt. 2 450 m, 1938-06-05, T. T. Yu 16144 (A).

海南楼梯草 ***Elatostema hainanense*** W. T. Wang in Bull. Bot. Lab. of North-East. Forest. Inst. 7: 49, pl. 1, f. 8. 1980. **Isotype:** China. Hainan: Baisha, 1936-03-23, S. K. Lau 25836 (A).

宜昌楼梯草 ***Elatostema ichangense*** H. Schroeter in Fedde, Repert. Sp. Nov. 47: 220. 1939. **Isosyntype:** China. Hubei: Ichang (=Yichang), 1887-02-??, A. Henry 2303 (GH).

宜昌楼梯草 ***Elatostema ichangense*** H. Schroeter in Fedde, Repert. Sp. Nov. 47: 220. 1939. **Isosyntype:** China. Hubei: Precise locality not known, (1885-1888)-??-??, A. Henry 2731 (GH).

菱叶楼梯草 ***Elatostema rhombiforme*** W. T. Wang in Bull. Bot. Lab. of North-East. Forest. Inst. 7: 51. 1980. **Isotype:** China. Yunnan: Mar-li-po (=Malipo), alt. 1 300~1 500 m, 1947-12-20, K. M. Feng 13997 (A).

花葶楼梯草 ***Elatostema scaposum*** Q. Lin & L. D. Duan in Nordic J. Bot. 29: 420, f. 1-2. 2011. **Isotype:** China. Guizhou: Libo, alt. 800 m, 2003-10-26, Q. Lin & Lin-Dong Duan 1023 (A).

细角楼梯草 ***Elatostema tenuicornutum*** W. T. Wang in Bull. Bot. Lab. North-East. Forest. Inst. 7: 61, pl. 2, f. 8–9. 1980.

Isotype: China. Sichuan: Kuan Hsien (= Dujiangyan), alt. 1 130 m, 1930-04-19, F. T. Wang 20552 (GH).

圆基叶树火麻 ***Laportea basirotunda*** C. Y. Wu in Acta Phytotax. Sin. 6(3): 276. 1957. **Isosyntype:** China. Yunnan: Jinghong, alt. 1200 m, 1936-10-??, C. W. Wang 79935 (A).

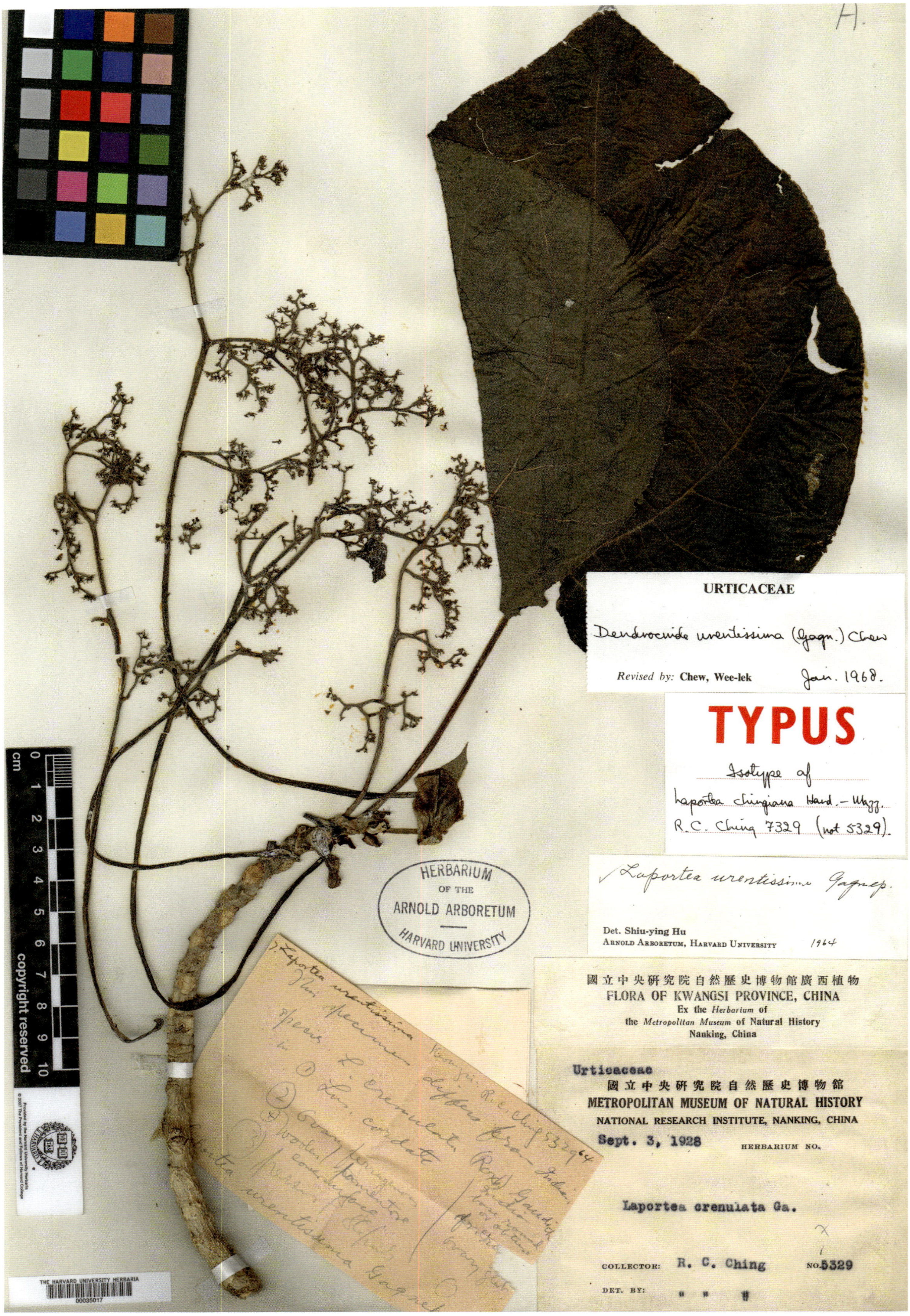

仁昌艾麻 *Laportea chingiana* Hand.-Mazz. in Sinensia 2(1): 1. 1931. **Isotype:** China. Guangxi: Precise locality not known, alt. 900 m, 1928-09-03, R. C. Ching 5329 (A).

大齿艾麻 ***Laportea grossedentata*** C. H. Wright in J. Linn. Soc., Bot. 26(178): 474. 1899. **Isosyntype:** China. Hubei: Badong, (1885-1888)-??-??, A. Henry 6066 (GH).

海南艾麻 ***Laportea hainanensis*** Merr. & Metc. in Lingnan Sci. J. 16(2): 189, f. 4. 1937. **Isotype:** China. Hainan: Chengmai, 1933-04-24, C. I. Lei 584 (A).

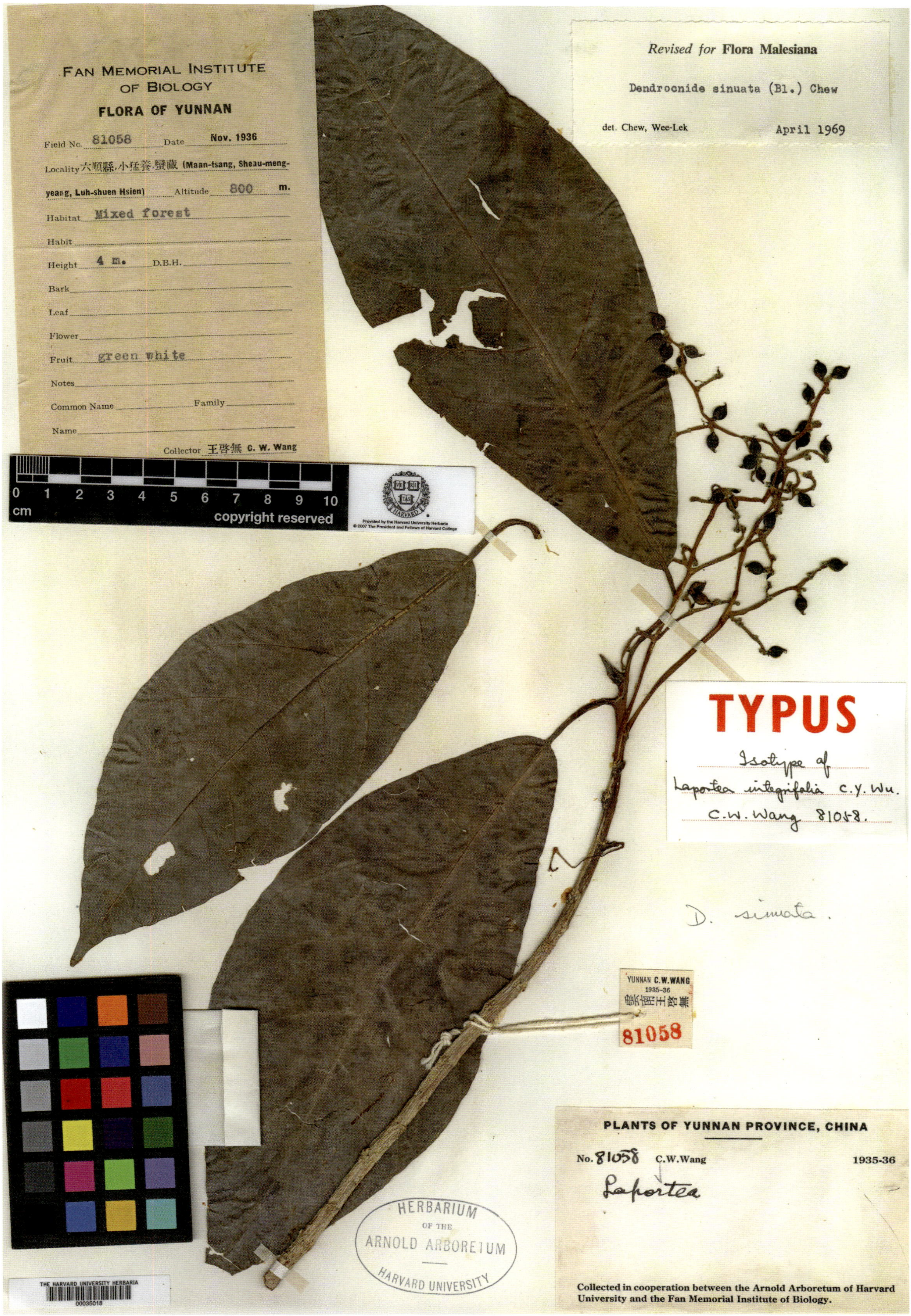

全缘叶火麻树 ***Laportea integrifolia*** C. Y. Wu in Acta Phytotax. Sin. 6(3): 277. 1957. **Isotype:** China. Yunnan: Luh-shuen (=Pu'er), alt. 800 m, 1936-11-??, C. W. Wang 81058 (A).

华艾麻 ***Laportea sinensis*** C. H. Wright in J. Linn. Soc., Bot. 26(178): 474. 1899. **Isosyntype:** China. Chongqing: Wushan, (1885-1888)-??-??, A. Henry 7212 (A).

滇藏紫麻 ***Oreocnide frutescens*** (Thunb.) Miq. ssp. ***occidentalis*** C. J. Chen in Acta Phytotax. Sin. 21(4): 475. 1983. **Isotype:** China. Yunnan: Miening (=Lincang), alt. 2 000 m, 1938-11-03, T. T. Yu 18163 (A).

海南紫麻 ***Oreocnide villosa*** Metc. in Sunyatsenia 4(1–2): 26, pl. 10. 1939. **Isotype:** China. Hainan: Lingshui, 1932-05-(03-20), H. K. Fung 20113 (A).

绿赤车 ***Pellionia viridis*** C. H. Wright in J. Linn. Soc., Bot. 26(178?): 481. 1899. **Isosyntype:** China. Hubei: Ichang (=Yichang), (1885-1888)-??-??, A. Henry 4098 (GH).

杯状冷水花 ***Pilea crateraforma*** Metc. in Lingnan Sci. J. 15(4): 633, pl. 27. 1936. **Isotype:** China. Guangdong: Conghua, Sanjiao Shan, 1932-05-26, W. T. Tsang 20575 (A).

亨利冷水花 ***Pilea henryana*** C. H. Wright in Gent. Herb. 1(1): 20, f. 3. 1920. **Isosyntype:** China. Jiangxi: Lu Shan, alt. 763~1 068 m, 1917-07-09, L. H. Bailey s. n. (GH).

冷水花 ***Pilea notata*** C. H. Wright in J. Linn. Soc., Bot. 26(178): 476. 1899. **Isosyntype:** China. Hubei: Ichang (=Yichang), A. Henry 2706 (GH).

红花冷水花 ***Pilea rubriflora*** C. H. Wright in J. Linn. Soc., Bot. 26(178): 478. 1899. **Isotype:** China. Hubei: Ichang (=Yichang), (1885-1888)-??-??, A. Henry 3333 (GH).

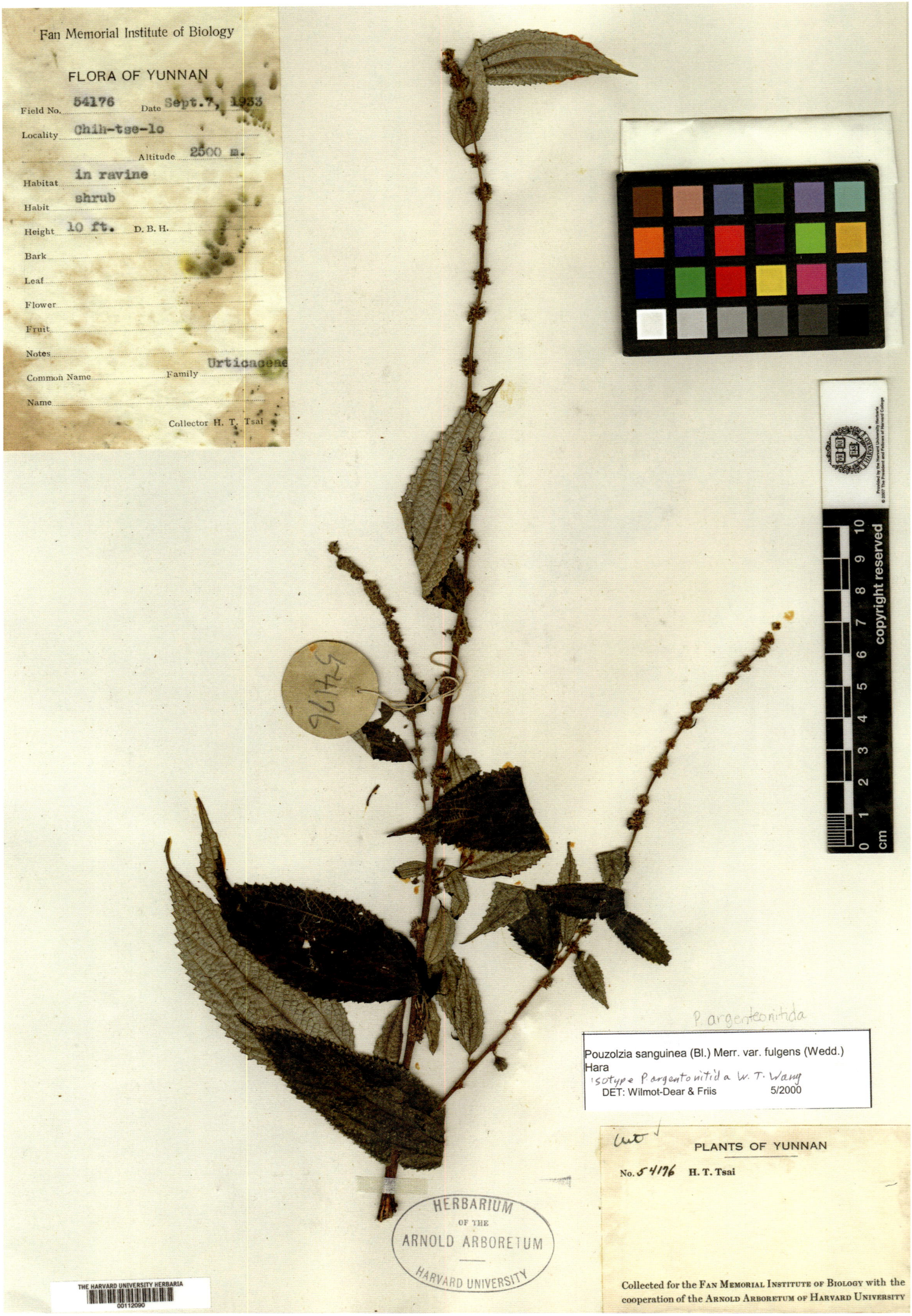

银叶雾水葛 ***Pouzolzia argenteonitida*** W. T. Wang in Acta Phytotax. Sin. 17(1): 108. 1979. **Isotype:** China. Yunnan: Lijiang, alt. 2 500 m, 1933-09-07, H. T. Tsai 54176 (A).

山龙眼科

Proteaceae

变叶山龙眼 ***Helicia erratica*** Hook. f. var. ***sinica*** W. T. Wang in Acta Phytotax. Sin.5(4): 295, pl. 57, f. 3. 1956. **Isotype:** China. Yunnan: Fo-Hai (=Menghai), alt. 2 000 m, 1936-07-??, C. W. Wang 77373 (A).

镰叶山龙眼 ***Helicia falcata*** C.Y. Wu, Fl. Yunnan. 1: 32-34, pl. 10, f. 2–3. 1977. **Isosyntype:** China. Yunnan: Mar-li-po (=Malipo), alt. 1 600~1 800 m, 1947-12-10, K. M. Feng 13752 (A).

大山龙眼 ***Helicia grandis*** Hemsl. in Hooker, Icon. Pl. 27(2): , pl. 2631. 1900. **Isotype:** China. Yunnan: Mengzi, alt. 1 525 m, A. Henry 10704 (A).

假山龙眼 ***Helicia henryi*** Diels in Fedde, Repert. Sp. Nov. 13: 528. 1915. **Isotype:** China. Yunnan: Szemao (= Simao), alt. 1 525 m, A. Henry 11910 A (A).

广东山龙眼***Helicia kwangtungensis*** W. T. Wang in Acta Phytotax. Sin.5(4): 297. 1956. **Isotype:** China. Guangdong: Yangshan, 1932-09-??, T. M. Tsui 747 (A).

调羹树 ***Helicia lobata*** Merr. in Lingnan Sci. J. 6(3): 276. 1928. **Isotype:** China. Hainan: Danzhou, 1927-09-13, W. T. Tsang 846 (= L. U. 16345) (A).

长柄山龙眼 ***Helicia longipetiolata*** Merr. & Chun in Sunyatsenia 2(3–4): 217, pl. 41. 1935. **Isotype:** China. Hainan: Lingshui, (1932-1933)-??-??, N. K. Chun & C. L. Tso 43706 (A).

倒卵叶山龙眼 ***Helicia obovatifolia*** Merr. & Chun in Sunyatsenia 5(1–3): 45. 1940. **Holotype:** China. Hainan: Baoting, alt. 366 m, 1935-07-05, F. C. How 73089 (A).

网脉山龙眼 ***Helicia reticulata*** W. T. Wang in Acta Phytotax. Sin.5(4): 300, pl. 56. 1956. **Isotype:** China. Yunnan: Si-chour (=Xichou), alt. 1 300~1 500 m, 1947-10-07, K. M. Feng 12276 (A).

蔡氏山龙眼 ***Helicia tsaii*** W. T. Wang in Acta Phytotax. Sin.5(4): 292, pl. 57, f. 2. 1956. **Isotype:** China. Yunnan: Luxi, alt. 1 750 m, 1934-02-11, H. T. Tsai 56915 (A).

枇杷叶山龙眼*Helicia vestita* W. W. Smith var. ***mixta*** P. C. Li in J. Arnold Arbor. 24(4): 444. 1943. **Holotype:** China. Guangxi: Tseung-yuen (=Napo), 1936-06-30, C. Wang 39624 (A).

铁青树科
Olacaceae

疏花铁青树 ***Olax laxiflora*** Merr. in J. Arnold Arbor. 26(1): 60. 1945. **Holotype:** China. Guangxi: Shangsi, 1933-05-07, W. T. Tsang 22231 (A).

檀香科
Santalaceae

亨利米面蓊 ***Buckleya henryi*** Diels in Bot. Jahrb. Syst. 29(2): 306. 1900. **Isosyntype:** China. Hubei: Xingshan, (1885-1888)-??-??, A. Henry 6539 (GH).

多脉寄生藤 ***Henslowia polyneura*** Hu in Bull. Fan Mem. Inst. Biol., Bot. 10(3): 157. 1940. **Isosyntype:** China. Yunnan: Longling, alt. 1 700 m, 1933-12-21, H. T. Tsai 56649 (A).

桑寄生科

Loranthaceae

华大苞鞘花 ***Elytranthe bibracteolata*** (Hance) Lecomte var. ***sinensis*** Lecomte in Sargent, Pl. Wils. 3(2): 317. 1916. **Holotype:** China. Yunnan: Simao, alt. 1 525 m, A. Henry 12631 (A).

亨利大苞鞘花 ***Elytranthe henryi*** Lecomte in Sargent, Pl. Wils. 3(2): 318. 1916. **Holotype:** China. Yunnan: Simao, alt. 1 525 m, A. Henry 11604 (A).

双花鞘花 ***Loranthus bibracteolatus*** Hance in J. Bot. 18(214): 301. 1880. **Isotype:** China. Guangdong: North River, 1879-06-??, C. Gerlach s. n. (=Herb. H. F. Hance 20792) (A).

亮叶木兰寄生*Loranthus estipitatus* Stapf var. *longiflorus* Lecomte in Sargent, Pl. Wils. 3(2): 316. 1916. **Holotype:** China. Yunnan: Simao, alt. 1 983 m, A. Henry 10057 (A).

锈毛钝果寄生 ***Loranthus levinei*** Merr. in Philipp. J. Sci. 15: 233. 1919. **Isotype:** China. Guangdong: Lin Dist., Lo Chi Chui, 1918-10-14, C. O. Levine s. n. (=Canton Christian College 3321) (A).

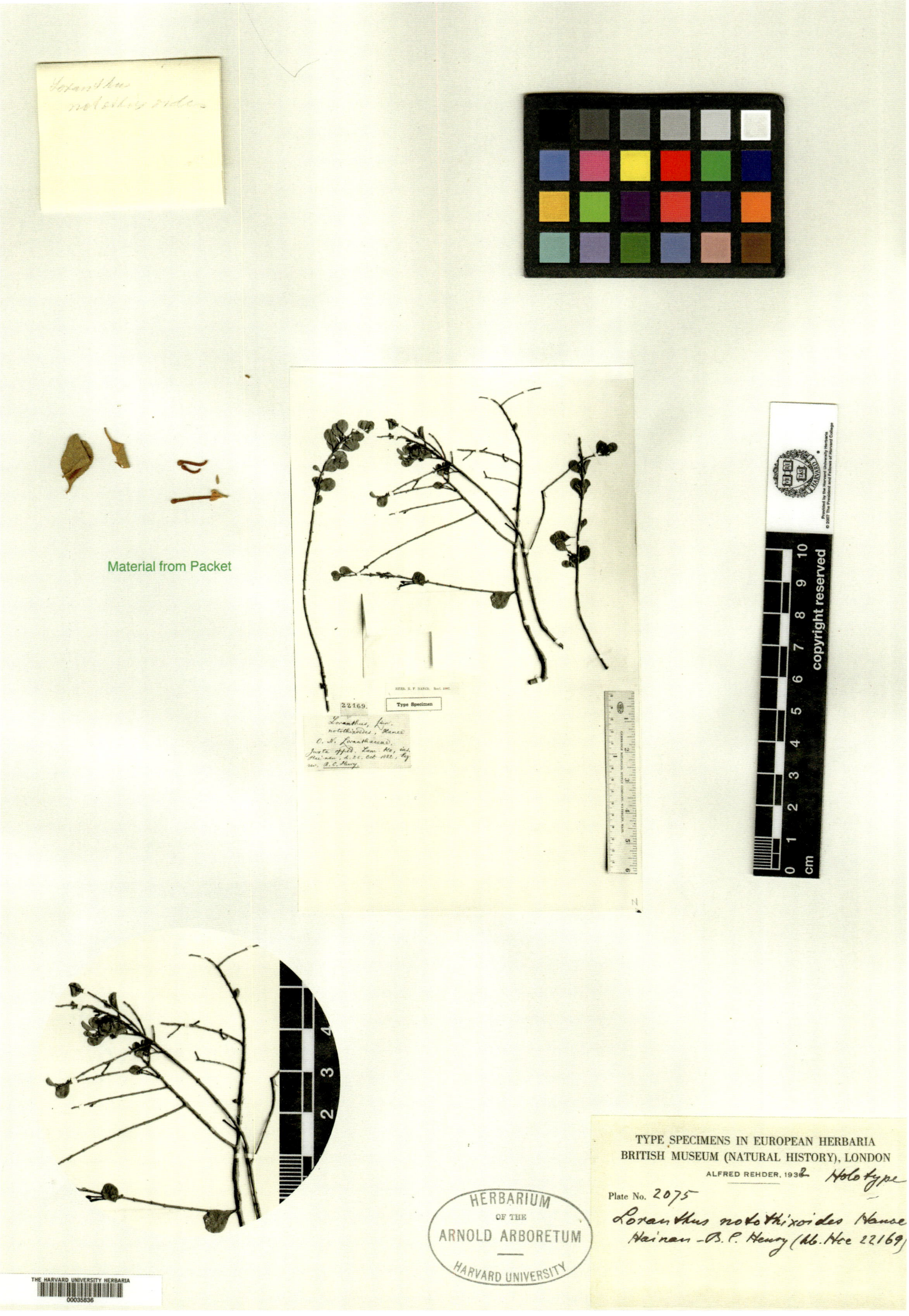

小叶梨果寄生 ***Loranthus notothixoides*** Hance in J. Bot. 21(12): 356. 1883. **Isotype:** China. Hainan: Juxta oppid. Lam-Ko. 1882-10-25, B. C. Henry 22169 (A).

桑寄生 ***Loranthus sutchuenensis*** Lecomte in Not. Syst. 3: 167. 1916. **Isotype:** China. Chongqing: Chengkou, alt. 1 400 m, R. P. Farges 444 (A).

滇藏钝果寄生 ***Loranthus thibetensis*** Lecomte in Not. Syst. 3: 168. 1915. **Isotype:** China. Yunnan: Weixi, 1903-07-08, R. P. Soulié 1340 (GH).

湖北桑寄生***Loranthus yadoriki*** Sieb. var. ***hupehanus*** Lecomte in Sargent, Pl. Wils. 3(2): 315. 1916. **Syntype:** China. Hubei: Ichang (= Yichang), alt. 31~1 220 m, 1907-05-??, E. H. Wilson 3521 (A).

马兜铃科

Aristolochiaceae

海南线果兜铃*Apama hainanensis* Merr. & Chun in Sunyatsenia 2(3–4): 220, pl. 43. 1935. **Holotype:** China. Hainan: Sanya, alt. 610 m, 1932-08-15, N. K. Chun & C. L. Tso 43437 (A).

龙骨马兜铃 ***Aristolochia carinata*** Merr. & Chun in Sunyatsenia 2(3–4): 219, pl. 42. 1935. **Paratype:** China. Hainan: Fan Yah, alt. 1 220 m, 1932-10-(25-26), N. K. Chun & C. L. Tso 44181 (A).

黄毛马兜铃 *Aristolochia fulvicoma* Merr. & Chun in Sunyatsenia 5(1–3): 48, f. 2. 1940. **Holotype:** China. Hainan: Baoting, alt. 275 m, 1935-07-01, F. C. How 73049 (A).

海南马兜铃 ***Aristolochia hainanensis*** Merr. in Philipp. J. Sci.21(4): 341. 1922. **Isotype:** China. Hainan: Wuzhishan, Wuzhi Shan, alt. 1 300 m, 1921-12-11, F. A. McClure s. n. (=Canton Christian College 8630) (A).

侯氏马兜铃 ***Aristolochia howii*** Merr. & Chun in Sunyatsenia 5(1–3): 46, pl. 7, f. 1. 1940. **Holotype:** China. Hainan: Baoting, 1935-06-13, F. C. How 72826 (A).

管花马兜铃 ***Aristolochia tubiflora*** Dunn in J. Linn. Soc., Bot. 38(267): 364. 1908. **Isotype:** China. Fujian: Yanping, 1905-(04-06)-??, S. T. Dunn s. n. (= Hongkong Herb. 3472) (A).

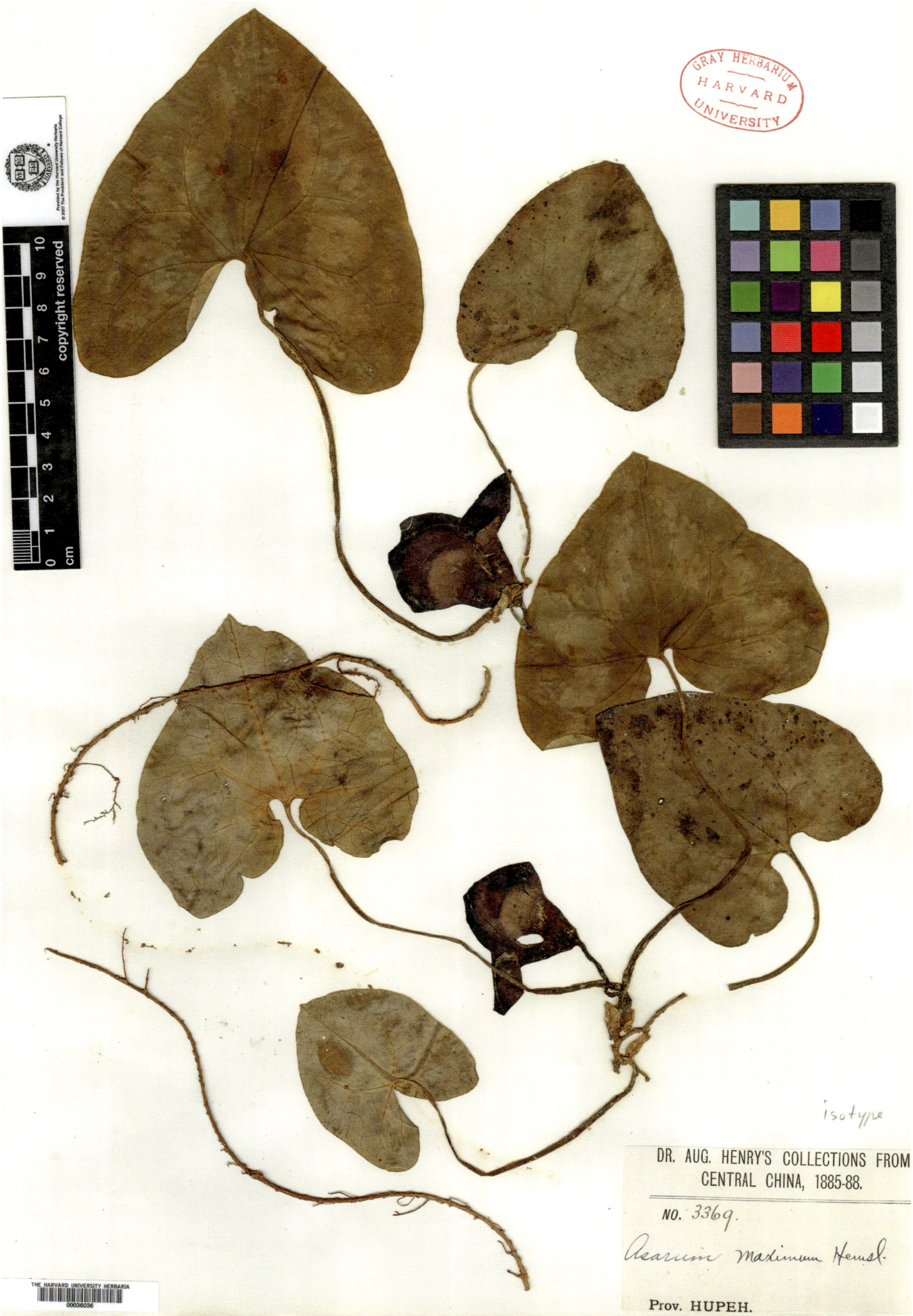

大叶马蹄香 ***Asarum maximum*** Hemsl. in Gard. Chron. ser. 3, 7: 422. 1890. **Isotype:** China. Hubei: Yichang, (1885-1888)-??-??, A. Henry 3369 (GH).

长毛细辛 ***Asarum pulchellum*** Hemsl. in Gard. Chron. ser. 3, 7: 442. 1890. **Isotype:** China. Hubei: Yichang, (1885-1888)-??-??, A. Henry 7800 (GH).

马蹄香 ***Saruma henryi*** Oliver in Hooker, Icon. Pl. 19(4): , pl. 1895. 1889. **Isosyntype:** China. Hubei: Fang Xian, (1885-1888)-??-??, A. Henry 6683 (GH).

蓼科

Polygonaceae

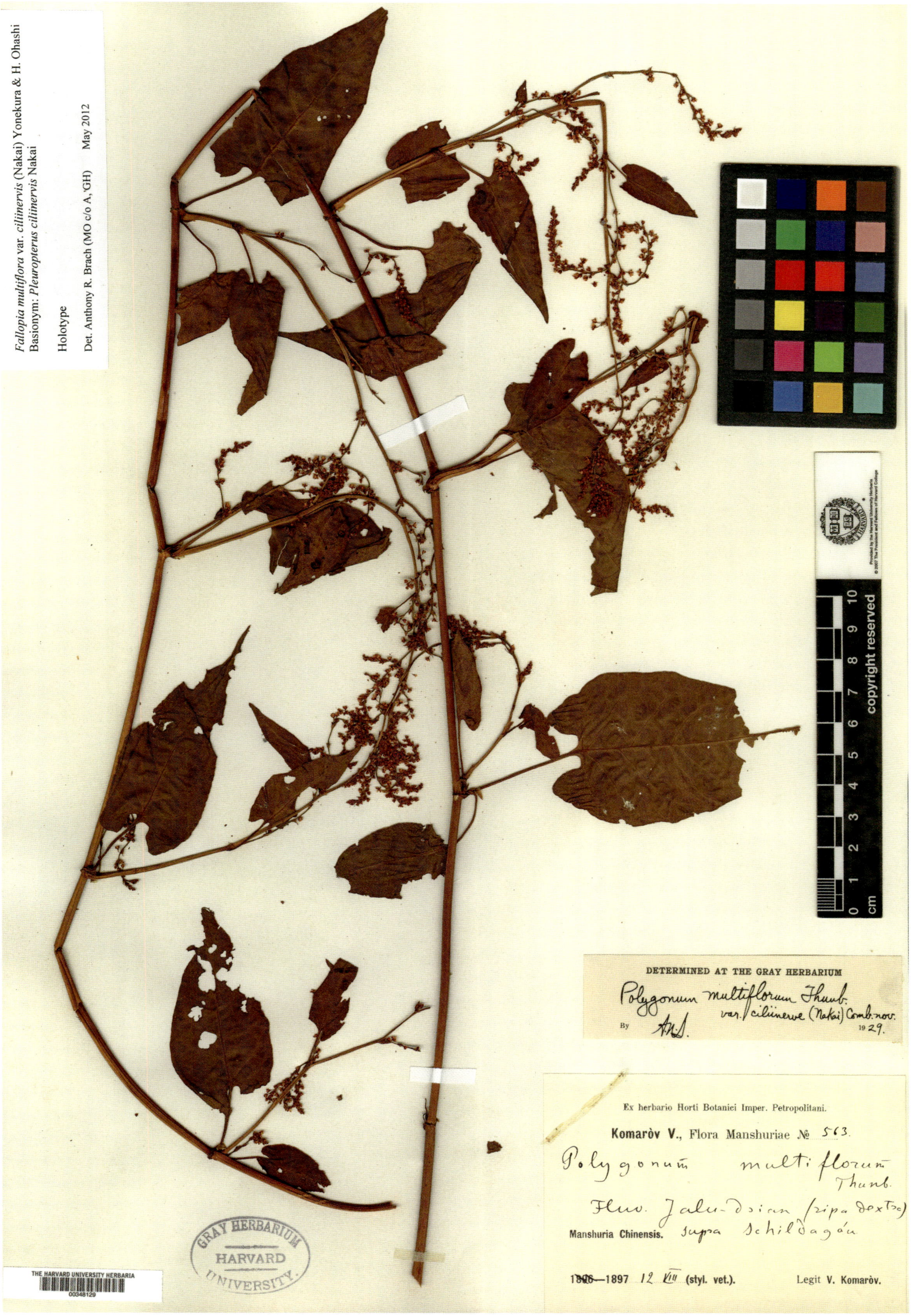

毛脉蓼***Pleuropterus ciliinervis*** Nakai in Fedde, Repert. Sp. Nov. 13(363–367): 267. 1914. **Isosyntype:** China. Liaoning, Precise locality not known, 1897-08-12, V. L. Komarov 563 (GH).

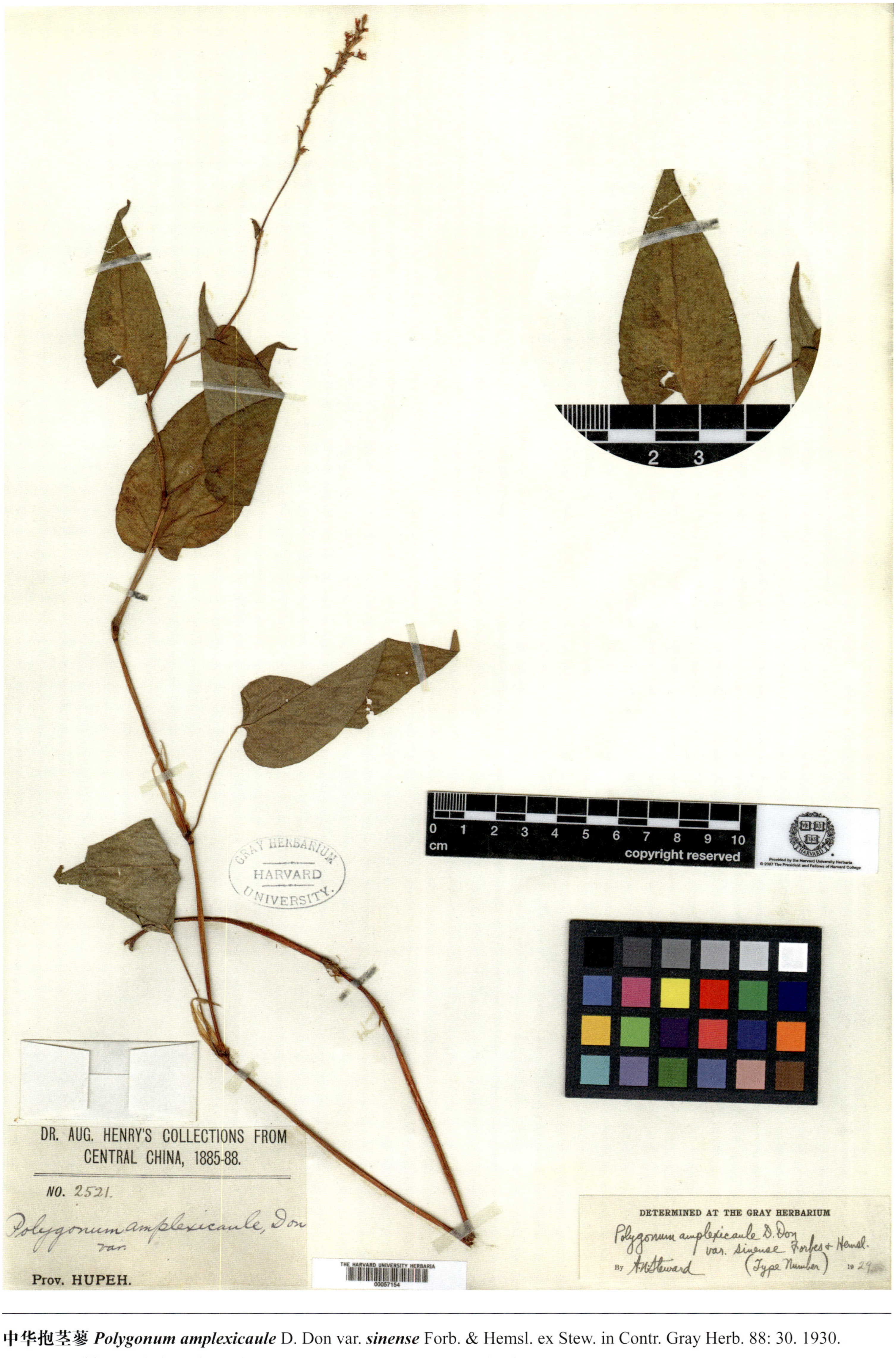

中华抱茎蓼 ***Polygonum amplexicaule*** D. Don var. ***sinense*** Forb. & Hemsl. ex Stew. in Contr. Gray Herb. 88: 30. 1930.

Syntype: China. Hubei: Badong, (1885-1888)-??-??, A. Henry 2521 (GH).

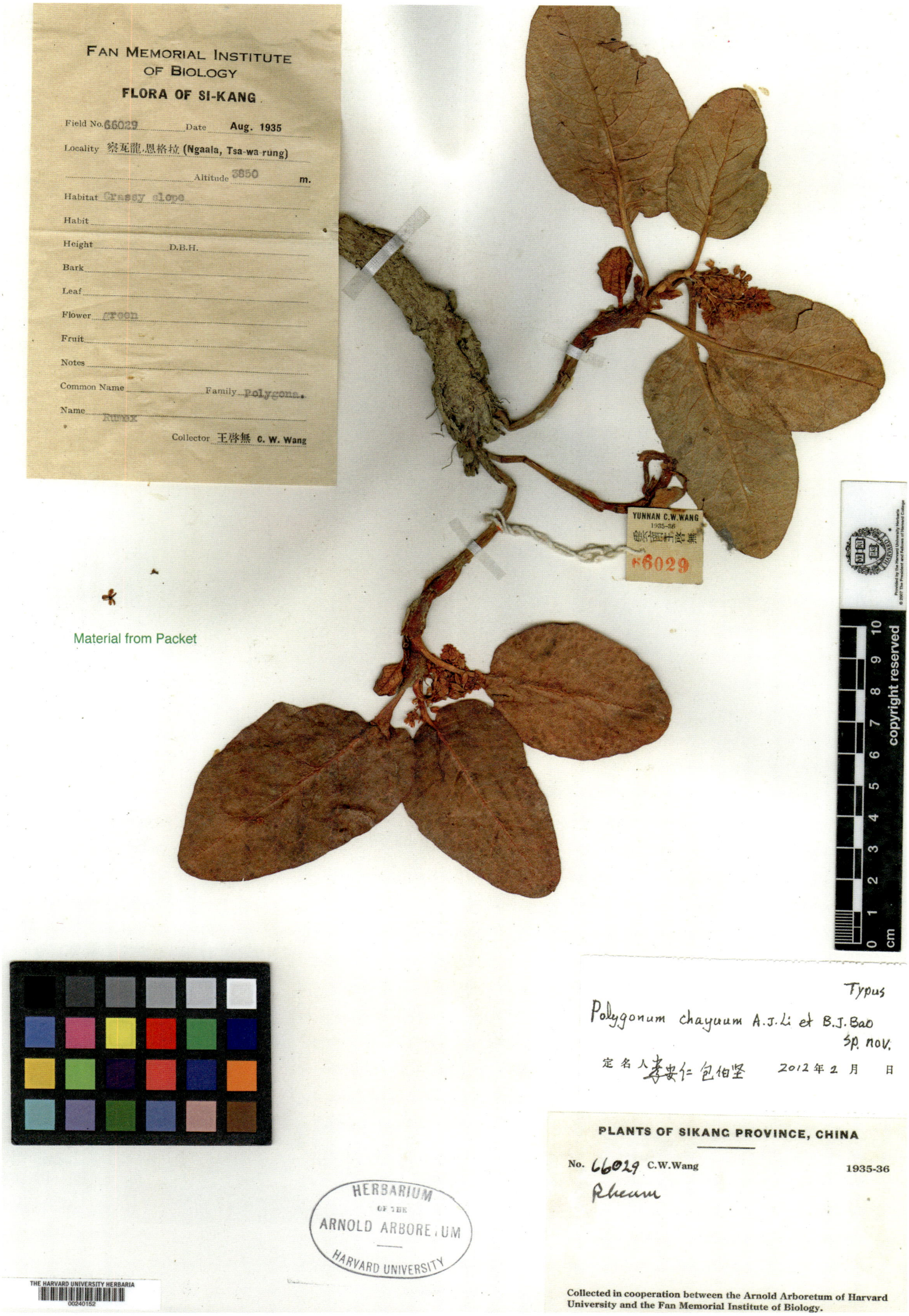

察隅蓼 ***Polygonum chayuum*** A. J. Li & B. J. Bao in Bull. Bot. Res. 32(4): 386. 2012. **Holotype:** China. Xizang: Zayü, alt. 3 650 m, 1935-08-??, C. W. Wang 66029 (A).

蓼子草 ***Polygonum criopolitanum*** Hance in Ann. Sci. Nat. Bot. sér. 7, 5(5): 238. 1886. **Isotype:** China. Guangdong: Guangzhou, 1863-10-14, G. T. Sampson s. n. (=Herb. H. F. Hance 10506) (GH).

杜克蓼 ***Polygonum duclouxii*** Lévl. & Vant. in Fedde, Repert. Sp. Nov. 6(107–112): 112. 1908. **Isotype:** China. Yunnan: Dongchuan, 1906-09-??, F. Ducloux 540 (GH).

贯顶蓼 ***Polygonum excurrens*** Stew. in Contr. Gray Herb. Harvard Univ. 88: 65, pl. 3. 1930. **Holotype:** China. Hubei: Precise locality not known, (1885-1888) -?? -?? , A. Henry 4790 (GH).

细柄野荞麦 ***Polygonum gracilipes*** Hemsl. in J. Linn. Soc., Bot. 26(176): 340.1891. **Isosyntype:** China. Hubei: Badong, (1885-1888)-??-??, A. Henry 4789 (GH).

污泥蓼***Polygonum limicola*** Sam. ex Hand.-Mazz. Symb. Sin. 7(1): 178. 1929. **Isotype:** China. Hunan: Changsha, Yuelu Shan, alt. 25 m, 1917-11-05, H. R. E. Handel-Mazzetti 11389 (GH).

线叶野荞麦 ***Polygonum lineare*** Sam. ex Hand.-Mazz. Symb. Sin. 7(1): 188. 1929. **Isotype:** China. Yunnan: Dali, alt. 1 900~2 400 m, 1915-10-29, H. R. E. Handel-Mazzetti 8569 (GH).

细叶西伯利亚蓼 ***Polygonum sibiricum*** Laxm. var. ***thomsonii*** Meisn. ex Stew. in Contr. Gray Herb. 88: 112. 1930. **Syntype:** China. Xizang: Precise locality not known, alt. 3 660~4 270 m, T. Thomson s. n. (GH).

西藏叉枝蓼 ***Polygonum tortuosum*** D. Don var. ***tibetanum*** Meisn. in Prodr. Syst. Nat. Regni Veget. 14: 138. 1856. **Isotype:** China. Xizang: Precise locality not known, alt. 3 660~4 575 m, R. Strachey & J. E. Winterbottom 47 (GH).

条裂大黄 ***Rheum laciniatum*** Prain in Bull. Misc. Inform. Kew 1908(4): 182. 1908. **Isotype:** China. Sichuan: Precise locality not known, alt. 3 050 m, 1904-06-??, E. H. Wilson 4415 (A).

藜科

Chenopodiaceae

单性滨藜 ***Archiatriplex nanpinensis*** G. L. Chu in J. Arnold Arbor. 68(4): 462, f. 1. 1987. **Isotype:** China. Sichuan: Nanping, alt. 2 100 m, 1980-09-30, G. L. Chu 80040 (A).

苋科

Amaranthaceae

海南白花苋 ***Aerva hainanensis*** F. C. How in Acta Phytotax. Sin. 8(4): 343. 1963. **Isotype:** China. Hainan: Sanya, 1933-07-16, C. Wang 33064 (GH).

石竹科

Caryophyllaceae

针叶雪灵芝 ***Arenaria acicularis*** Williams ex Keissler in Ann. Nat. Mus. Wien 22: 23. 1907. **Isosyntype:** China. Xizang: 10~15 miles north of Lhasa, 1904-09-??, H. J. Walton s. n. (GH).

澜沧雪灵芝 ***Arenaria lancangensis*** L. H. Zhou in Acta Phytotax. Sin. 18(3): 357, pl. 2. 1980. **Isotype:** China. Yunnan: Weixi, alt. 4 000 m, T. T. Yu 8966 (A).

毛萼无心菜 ***Arenaria leucosteria*** Mattf. in Notizbl. Bot. Gart. Mus. Berlin 11(105): 334. 1932. **Isotype:** China. Sichuan: Gonggaling, alt. 5 080 m, 1928-08-??, J. F. Rock 16847 (GH).

大雪山无心菜 ***Arenaria nivalomontana*** C.Y. Wu ex L. H. Zhou in Acta Biol. Plat. Sin. 6: 29, pl. 3, f. 5–8. 1987. **Isotype:** China. Yunnan: Zhenkang, Snow Range, alt. 2 900 m, 1938-07-31, T. T. Yu 17125 (A).

细叶云南无心菜 ***Arenaria yunnanensis*** Franch. var. ***linearifolia*** C.Y. Wu ex L. H. Zhou in Acta Biol. Plat. Sin. 6: 34. 1987.

Isotype: China. Yunnan: Qiaojia, 1932-09-13, H. T. Tsai 52003 (A).

镇康无心菜 ***Arenaria zhenkangensis*** C.Y. Wu ex L. H. Zhou in Acta Biol. Plat. Sin. 6: 36. 1987. **Isotype:** China. Yunnan: Zhenkang, Snow Range, 1938-08-02, T. T. Yu 17133 (A).

无毛漆姑草 ***Sagina japonica*** (Sw.) Ohwi f. ***glaberrima*** M. Mizushima in J. Japan. Bot. 35: 258. 1960. **Holotype:** China. Yunnan: Zhenxiong, alt. 1 800 m, 1932-06-21, H. T. Tsai 52295 (A).

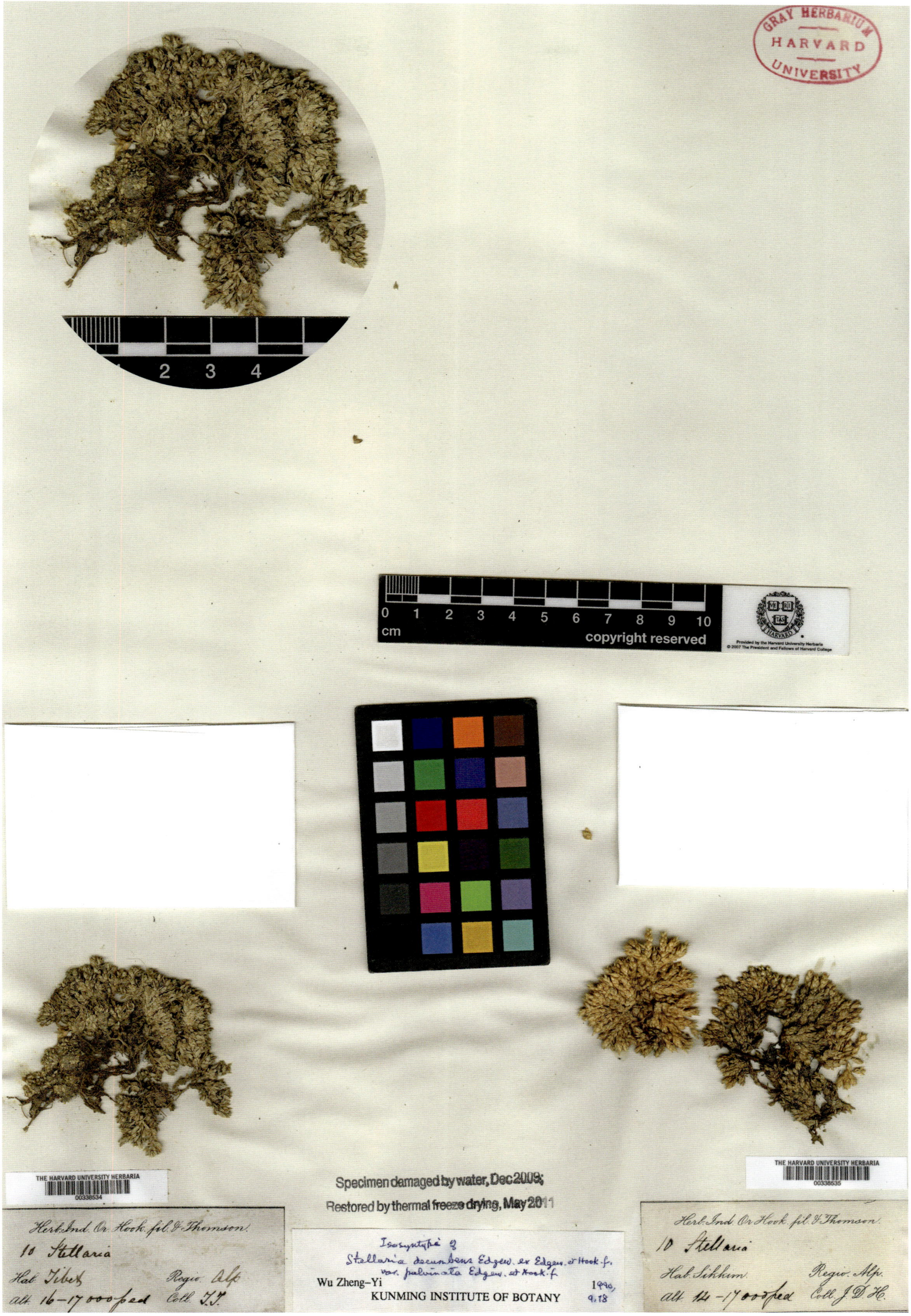

垫状偃卧繁缕 ***Stellaria decumbens*** Edlgew. var. ***pulvinata*** Edgew. & Hook. f. Fl. Brit. India 1(2): 235. 1875. **Isosyntype:** China. Xizang: Precise locality not known, alt. 4 880~5 185 m, T. Thomson 10 (GH).

假箐姑草 ***Stellaria pseudosaxatilis*** Hand.-Mazz. Symb. Sin. 7(1): 190, pl. 4, f. 9. 1929. **Isotype:** China. Hunan: Xinhua, alt. 800 m, 1918-05-14, H. R. E. Handel-Mazzetti 11839 (GH).

抱茎箐姑草*Stellaria saxatilis* Buch.-Ham. ex D. Don. var. ***amplexicaulis*** Hand.-Mazz. Symb. Sin. 7(1): 190. 1929. **Isosyntype:** China. Sichuan: Yanyuan, alt. 3 000~3 200 m, 1914-09-30, H. R. E. Handel-Mazzetti 5397 (GH).

毛柄繁缕 ***Stellaria saxatilis*** Buch.-Ham. ex D. Don. var. ***capillipes*** Franch., Pl. Delavay. 99. 1889. **Isotype:** China. Yunnan: Inter Nienkiase & Longpin, 1887-06-06, P. J. M. Delavay s. n. (A).

领春木科

Eupteleaceae

得氏领春木 ***Euptelea delavayi*** Tiegh. in J. Bot. (Morot) 14(9): 271. 1900. **Isotype:** China. Yunnan: Sou tchang Kiou, 1889-07-10, P. J. M. Delavay 3749 (A).

连香树科

Cercidiphyllaceae

连香树 ***Cercidiphyllum japonicum*** Sieb. & Zucc. var. ***sinense*** Rehd. & Wils. in Sargent, Pl. Wils. 1(3): 316. 1913. **Holotype:** China. Sichuan: Lungan Fu (= Pingwu), alt. 2 135~2 593 m, 1910-08-??, E. H. Wilson 4301 (A).

中名索引
Index to Chinese Names

H

J

K

L

M

拉丁学名索引
Index to Scientific Names

Q

R

S

ISBN 978-7-5725-0234-7

9 787572 502347 >